만능 속재료 하나로
동시 완성하는 오픈 샌드위치 & 토핑 샐러드.
매일 손쉽게 만들어 맛있게 즐겨볼까요?

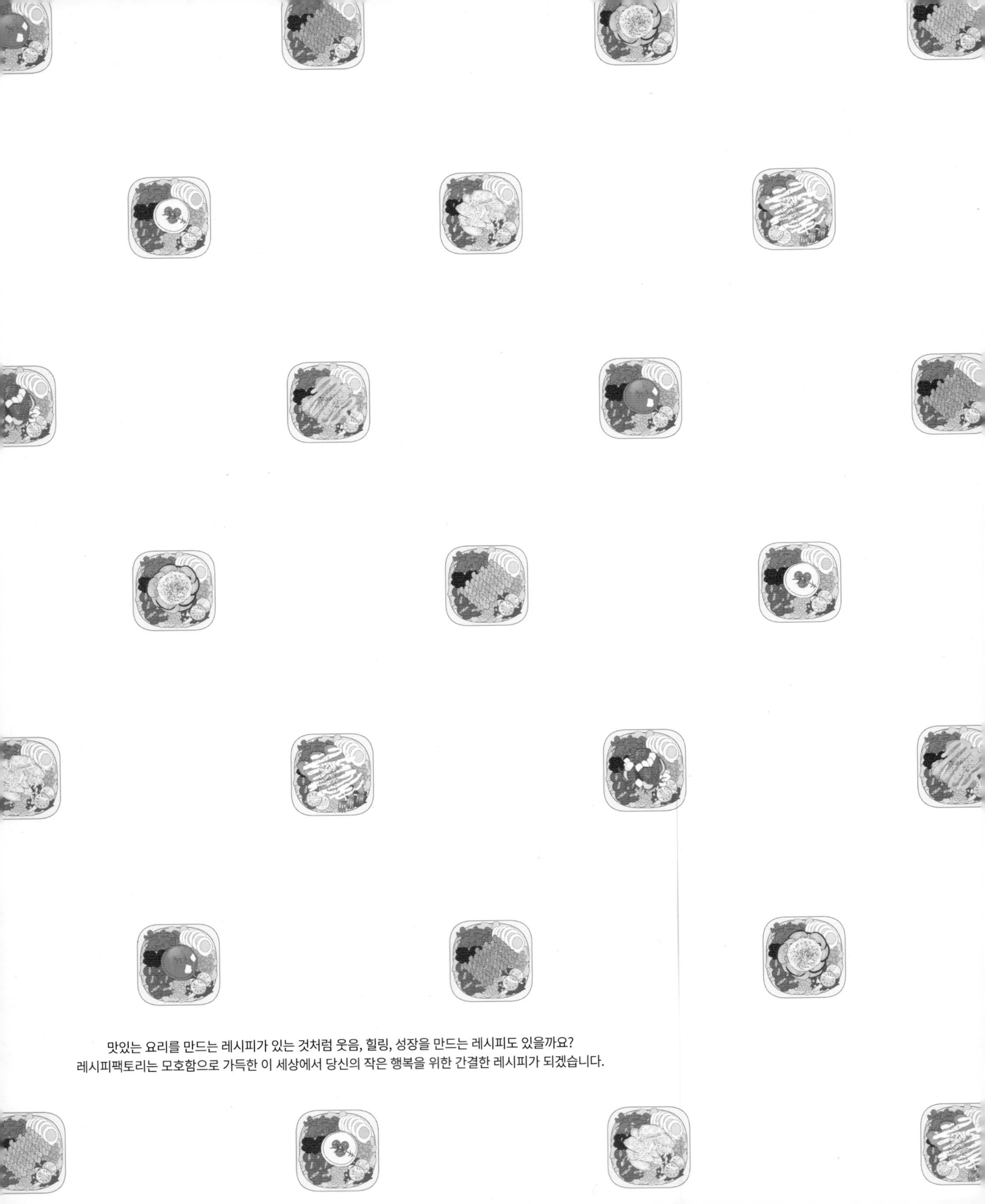

맛있는 요리를 만드는 레시피가 있는 것처럼 웃음, 힐링, 성장을 만드는 레시피도 있을까요?
레시피팩토리는 모호함으로 가득한 이 세상에서 당신의 작은 행복을 위한 간결한 레시피가 되겠습니다.

매일 만들어 먹고 싶은

오픈 샌드위치

× × × × × × × × × × × × × × × × ×

토핑 샐러드

건강함과 맛의 밸런스!

만능 속재료로 만나는 오픈 샌드위치와 토핑 샐러드

저의 첫 책 <매일 만들어 먹고 싶은 식빵 샌드위치 & 토핑 핫도그>로 독자 여러분에게 아리미디저트의 샌드위치와 핫도그를 소개한지 벌써 2년이 지났습니다. 음식에 항상 진심인 독자님들의 아낌없는 사랑과 관심으로 이 책은 '매샌핫'이라는 별칭까지 얻으며 베스트셀러가 되었습니다. 제겐 정말 감사함을 느낄 수 있는 소중한 시간이었습니다. 응원해주신 모든 분들에게 다시 한번 감사드립니다.

코로나 팬데믹의 영향으로 여러모로 움츠려있던 그간의 카페 메뉴 시장은 이제 엔데믹 환경으로 예전보다 훨씬 활기차고 다양하게 변모하고 있습니다. 시간이 참 빠르고 늘 새롭게 변화하는 것 같다는 생각이 많이 드는 요즘입니다. 아리미디저트는 변함없이 건강한 메뉴들을 연구하고 교육하며 다양한 피드백을 통해 꾸준히 성장하고 있습니다. 교육과정 또한 샌드위치와 핫도그뿐만 아니라 브런치도 가능한 여러 메뉴까지 다채롭게 구성하여 진행하고 있습니다.

여러 카페 메뉴 컨설팅을 진행하면서 제가 항상 생각하는 핵심 콘셉트 두 가지는 '건강'과 '균형'입니다.
이 두 가지 포인트가 적절히 활용될 수 있는 주제로 레시피를 구성하고 싶다는 바람과 의지가 '매샌핫'의 후속으로 이 책(매오샐)을 출간하게 된 제일 큰 이유라고 할 수 있습니다. 누구나 만들기 용이한 오픈 샌드위치를 대표 주제로 선정해 일반 샌드위치와는 차별화된 하나의 요리이자 든든한 한 끼가 될 수 있도록 구성했습니다. 또한 샐러드에 즉시 활용할 수 있는 만능 속재료와 비법 소스를 소개해 정말 매일 만들어 먹는 재미를 느낄 수 있도록 준비했습니다.

'건강'은 모든 음식에 언제나 중요한 기준입니다.
현대사회의 수많은 음식들과 다양한 패스트푸드 속에서도 재료 본연의 맛과 영양을 극대화한 메뉴들이 각광을 받는 이유도 이에 기인한다고 볼 수 있습니다. 이 책에서는 건강하고 신선한 재료들이 만들어내는 예쁘고 맛있는 샌드위치와 샐러드를 찾을 수 있도록 노력하였습니다. 샌드위치 소스와 구성 재료는 물론 샐러드로 확장하여 활용하는 편리함까지 고려했습니다. 특히 이 책의 모든 메뉴가 식이섬유와 칼로리가 중요한 이 시대의 건강 마니아 분들에게는 최고의 식단 구성에 도움을 줄 수 있을 것으로 생각합니다.

'균형'은 여러 요소들의 구성이면서
그 자체로 빛이 나는 중요한 기준입니다.
샌드위치와 샐러드에서 밸런스는 재료간의 궁합을 시작으로 색감의 조화는 물론 어디에도 지나침이 없는 맛의 조화까지 모두 포함할 수 있습니다. 특히 눈으로 보이는 비주얼은 이미 필수 요소이기에 아리미디저트의 여러 노하우를 녹여 시각적인 측면에도 집중하였습니다. 보이는 것이 전부가 아니라고는 하지만, 보이는 대로 믿게 되는 것도 사실이라는 점을 간과할 수 없으니까요. 눈으로 먼저 맛보는 공감각적 체험을 이 책에서도 느낄 수 있을 것으로 생각합니다.

이 책은 보다 많은 분들에게 좀 더 쉽고 빠르게 기본부터 응용까지 활용도가 높은 콘텐츠가 될 수 있도록 노력하였습니다. 건강하고 균형 잡힌 맛과 멋으로 소중한 사람들에게 특별한 시간과 추억을 선사하고자 하는 당신에게 작은 도움과 힌트가 되면 좋겠습니다. 아울러 주방 한 켠을 오랫동안 지킬 수 있는 손때 묻은 한 권의 책이 되었으면 하는 바람으로 당신의 건강한 식탁을 응원합니다.

—— 아리미디저트 대표 신아림

Contents

만능 속재료로 만든
오픈 샌드위치 & 토핑 샐러드

Contents

버섯

토마토

아보카도

이 책의 모든 레시피는요!

☑ 표준화된 계량도구를 사용했습니다.

- 1컵은 200mℓ, 1큰술은 15mℓ, 1작은술은 5mℓ 기준입니다.
- 계량도구 계량 시 윗면을 평평하게 깎아 계량해야 정확합니다.
- 밥숟가락은 보통 12~13mℓ로 계량스푼(큰술)보다 작으니 감안해서 조금 더 넉넉히 담아야 합니다.

☑ 채소는 중간 크기를 기준으로, 완성 분량(인분)은 넉넉하게 제시했습니다.

- 양상추, 로메인, 토마토, 오이, 양파, 당근, 감자 등 개수로 표시된 채소는 너무 크거나 작지 않은 중간 크기를 기준으로 개수와 무게를 표기했습니다.
- 완성 분량(인분)은 만능 속재료는 오픈 샌드위치, 토핑 샐러드를 모두 만들 수 있는 분량을 제시했습니다. 드레싱과 소스는 넉넉한 분량으로 소개했으니 냉장 보관해 사용하세요.

오픈 샌드위치의 기본이 되는 빵

빵은 기호에 따라 좋아하는 빵을 선택해도 되는데요, 만능 속재료 스프레드가 수분기가 많다면 단단한 호밀빵이나 베이글, 치아바타가 더 좋고, 부드럽고 가볍다면 식빵이나 크로와상 같은 빵이 더 잘 어울려요.

식빵

가장 기본이 되는 빵으로 담백한 맛이 특징이다. 오픈 샌드위치로 활용하기 위해서는 너무 얇게 썬 것 보다 1.5cm 정도 두께가 적당하다. 기호에 따라 호밀 식빵, 버터 식빵 등을 선택할 수 있다.

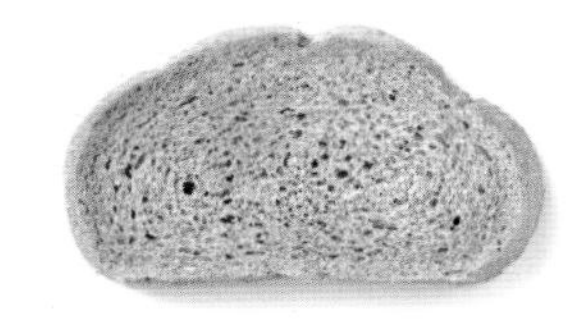

호밀빵

호밀의 거친 질감이 살아있어 씹는 맛이 좋다. 일반 밀보다 식이섬유가 풍부하고 영양가가 높다.

잡곡빵

일반 밀가루 대신 통밀가루, 호밀가루, 쌀가루 등 다양한 곡물 가루로 만든 빵으로 견과류나 씨앗류 등을 넣어 만든다. 일반 밀가루 빵에 비해 식이섬유가 풍부하고 고소한 맛이 있다.

베이글

링 모양으로 만든 반죽을 발효시켜 끓는 물에 익히고 오븐에 한번 더 굽기 때문에 쫄깃한 식감이 특징이다. 넓게 2등분한 후 사용한다.

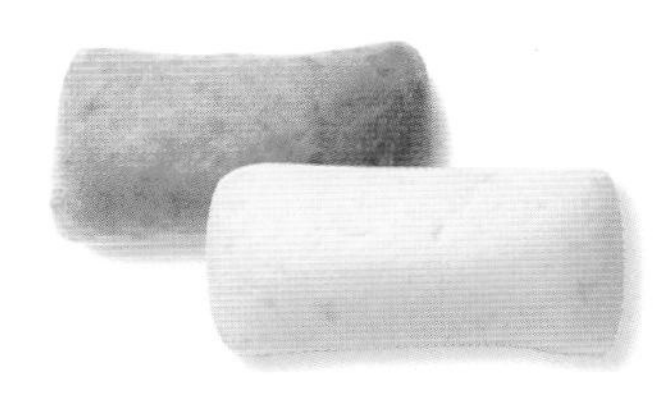

치아바타

반죽을 길게 늘여 넓게 구운 빵으로 담백한 맛이 특징이다. 다양한 속재료와 두루두루 잘 어울린다. 넓게 2등분한 후 사용한다.

크로와상 & 크로플

고소한 버터의 풍미가 가득한 빵으로 샌드위치 빵으로도 잘 어울리고, 예쁜 모양이 장점이다. 크로플은 크로와상과 와플을 합친 말로 와플팬이나 와플메이커에 크로와상 생지를 넣고 구운 것이다.

* 이 책의 과정 사진에서는 가장 기본이 되는 식빵을 사용했고,
완성 사진에는 어울리는 식재료를 고려해 다양한 빵을 사용했습니다.

굽기

빵을 구워서 사용하면 고소한 맛이 살아나 오픈 샌드위치가 더욱 맛있어진다.
기호에 따라 굽기를 조절한다.

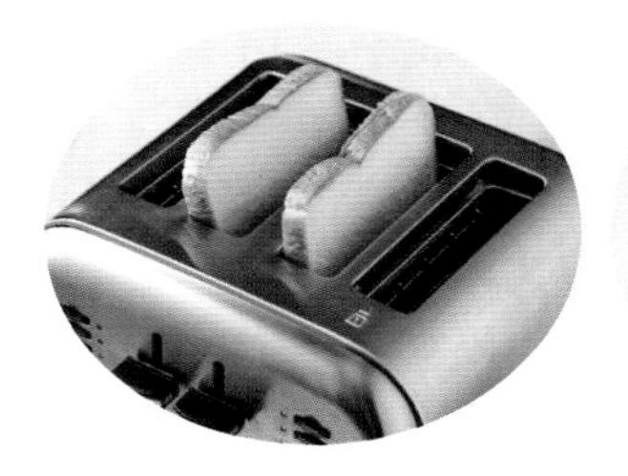

1 토스터로 굽기
토스터에 빵을 넣어
1분~1분 30초 정도
겉면에 색이 나지 않고,
약간 단단해질 정도로
굽는다.

2 팬으로 굽기
달군 팬에 빵을 올려
중간 불에서 앞뒤로
30초씩 굽는다.

3 오븐이나 에어프라이어로 굽기
170℃로 예열한 기기에 넣어
1분 정도 굽는다.

보관하기

빵은 구매하자마자 사용할 만큼만 남겨두고
냉동 보관하면 좀 더 오래 두고 먹을 수 있다.
한번 먹을 만큼 랩에 감싼 후 지퍼백에 넣어 냉동 보관한다.
냉동한 빵은 사용하기 2~3시간 전에 실온에 두어
천천히 해동하면 처음 식감으로 즐길 수 있다.

다양한 식감을 더하는 채소

오픈 샌드위치나 샐러드에 활용하면 좋은 다양한 채소를 소개해요.
맛, 식감, 모양, 영양도 가지각색이니 골고루 섭취할 수 있도록 시도해보세요.
채소는 씻은 후 물기를 잘 제거해야 샌드위치나 샐러드가 눅눅해지거나
싱거워지지 않아요. 채소의 양은 기호에 따라 가감하세요.

로메인

비타민 A, K, C, B_6 등과 무기질을 다량 함유했다. 풍부한 식이섬유로 혈당조절과 수분공급을 도와주며 저칼로리 항산화 채소로 유명하다.

양상추

대표적인 저칼로리 채소로 90% 이상이 수분으로 구성되어 있다. 비타민 D, K가 풍부하고, 식이섬유와 무기질 함량이 높다. 불면증 증상을 완화하는데 효과가 좋다.

카이피라

상추처럼 잎이 넓고 부드러운 프릴과 아삭한 줄기, 은은한 단맛을 내며 끝맛이 살짝 쌉쌀한 맛이 도는 것이 특징이다.

버터 헤드 레터스

부드러운 식감에 쓴맛이 거의 없고 달콤한 맛이 난다. 쌈채소, 샐러드, 샌드위치에 모두 적합한 채소이다.

루콜라

독특한 향을 갖는 향신 채소. 주로 이탈리아에서 사용되는 채소로 샐러드나 피자 등 다양하게 이용된다.

치커리

카로틴과 철분이 풍부하여 건강에 좋은 치커리는 종류도 다양하고 맛도 쌉싸름하여 입맛을 돋우는 채소이다.

보관하기

밀폐용기에 젖은 키친타월을 깔고 채소를 올려 냉장 보관한다. 3일간 냉장 보관 가능하다.

* 이 책의 오픈 샌드위치 과정 사진에서는 양상추와 로메인을 사용했고, 완성 사진에서는 재료와 어울리는 다양한 채소를 사용했습니다.

* 이 책의 토핑 샐러드 과정 사진에는 양상추, 로메인, 적근대, 비타민 등 잎채소를 사용하였고, 완성 사진에는 어울리는 과일이나 오이, 브로콜리, 파프리카 등 다양한 채소를 곁들였습니다.

라디치오

치커리의 일종으로 이탈리안 치커리라고도 한다. 흰색의 잎줄기에 붉은 자주색의 잎을 가지고 있다. 쓴맛을 내는 인터빈성분이 있어 소화를 촉진하고 심혈관계 기능을 강화시킨다.

케일

녹황색 채소 중 베타카로틴의 함량이 가장 높은 채소로 풍부한 영양성분을 갖고 있어 국내외에서 주목받고 있다. 눈건강에 좋은 루테인도 풍부하게 함유되어 있다.

비타민

양배추와 순무 교배로 만든 채소. 비타민 A가 시금치의 2배, 비타민 B_1, B_2, C 등이 다량 함유되어 있어 이름이 비타민이다. 수분이 92%이며 단백질이 2%, 나머지는 무기질로 구성되어 있다.

적근대

혈관건강과 항암에 도움이 되는 베타카로틴과 케르세틴이 풍부하다. 칼슘과 비타민 K가 다량 함유되어 뼈건강과 빈혈에도 도움을 준다. 특유의 단단하고 아삭한 식감은 샐러드나 쌈채소 모두 잘 어울린다.

어린잎 채소

주로 무싹, 순무싹, 들깨싹 등으로 구성되어 있다. 무싹은 비타민 D, 글루코시놀레이트가 풍부하여 암과 심장병 예방에 좋고, 순무싹은 비타민 B, 칼슘이 풍부하다. 들깨싹은 비타민 E, F가 풍부해 혈관 건강에 도움을 준다.

딜

미나리과 한해살이 풀인 딜은 꽃, 잎, 줄기 모두가 향이 나는 향신료로 사용된다. 진정, 최면 효과가 있는 향신용 허브로 비린내를 제거하거나 소화를 촉진하는 효과가 있다.

바질

달콤한 향과 약간의 매운맛이 나는 허브. 두통이나 구내염에 효과가 있는 잎으로 토마토 소스와 조합하거나 다져서 드레싱으로 맛과 향을 살려 활용할 수 있다.

이탈리안 파슬리

넓적한 잎과 굵은 줄기를 가지고 있는 이탈리안 파슬리는 비타민 A, C가 풍부하고, 철, 칼슘, 마그네슘 등 무기질 함량이 높다. 살균 효과도 있으며 잡내나 비린내 제거에 탁월하다.

맛에 풍미를 더하는 재료

적은 양으로 요리에 맛과 풍미를 더하는 식재료를 소개해요.
조금 낯설지만 구비해두면 여러 요리에 두루두루 활용할 수 있으니 도전해보세요.

홀토마토 캔

살짝 익힌 토마토의 껍질을 벗겨 캔에 담은 것. 홀토마토 캔은 약간의 소금간이 되어 있고 맛이 진해 요리에 활용하기 좋다. 보관기간도 길고 가격도 저렴하다.

화이트와인 식초

일반 식초에 비해 가볍고 상큼하다. 달콤하면서도 산뜻한 풍미를 섬세하게 더해준다.

발사믹 식초

단맛이 강한 포도를 으깨어 나무통에 넣고 서로 다른 재질의 나무통에 여러 번 옮겨 담아 숙성시킨 식초로 이탈리아 요리에서 많이 사용된다.

크러시드 레드 페퍼

거칠게 빻은 고춧가루로, 주로 매운 맛을 더할 때 사용한다. 빨간 색감이 요리를 한결 화려하고 먹음직스럽게 보이도록 한다.

페페론치노

보통 이탈리아 요리에서 매운맛을 낼 때 사용하며 소스나 기름에 넣고 끓여서 사용한다. 묵직하고 깊은 매운맛을 낸다.

라임즙

레몬보다 더 새콤달콤한 맛이 특징이다.
라임은 구연산, 비타민 C가 풍부하며 피로 회복에도 도움을 준다.

큐민 파우더

고대 이집트에서부터 다양한 나라에서 사랑 받아온 향신료로 약간 쌉쌀하며 달콤하고 자극적인 향이 특징이다.

그라나 파다노 치즈

숙성된 치즈의 향이 깊은 풍미를 내며 부서지는 듯한 식감의 치즈이다. 얇게 슬라이스하면 입에서 녹는 듯한 식감을 느낄 수 있다.

시판 제품 홈메이드로 만들기

구하기 쉬운 소스와 재료지만 집에서 좀 더 건강하게 만들어보세요.
어렵지 않고, 기호에 따라 맛도 조절할 수 있어 더욱 좋답니다.

바질 페스토

바질잎 3줌(약 40g), 캐슈넛 2큰술, 올리브유 9큰술,
파마산 치즈 가루 1큰술, 레몬즙 1큰술, 다진 마늘 1/2작은술,
소금 약간, 후춧가루 약간

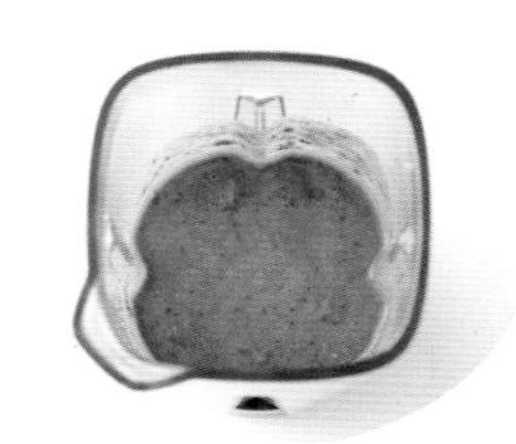

1 바질은 깨끗이 씻어서 물기를 제거한다.
2 푸드프로세서에 모든 재료를 넣고 곱게 간다.

발사믹 글레이즈

발사믹 식초 3큰술, 설탕 1큰술

1 작은 냄비에 재료를 넣고 약한 불에서 끓여 졸인다.
2 주걱으로 바닥을 긁었을 때 벌어진 간격이 유지될 정도까지 농도가 나도록 약 5~8분간 졸인다.

리코타 치즈

생크림 1과 1/2컵(300mℓ), 우유 1과 1/2컵(300mℓ), 레몬즙 1큰술, 식초 1작은술, 소금 약간

1 냄비에 생크림, 우유, 소금을 넣고 중약 불에서 끓인다. 유막이 생기고 서서히 기포가 생기면 약한 불로 낮춘다.

2 불을 끄고 레몬즙, 식초를 넣어 몽글몽글 뭉칠 때까지 기다린다.

3 몽글몽글 뭉치는 것이 보이면 면보를 체에 올리고 ②를 붓는다.

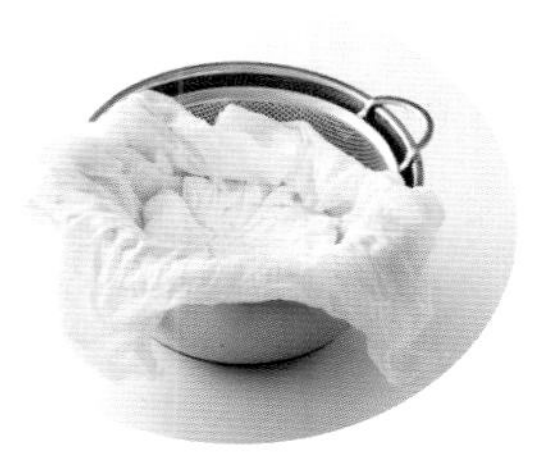

4 어느 정도 걸러지면 면보를 감싸 냉장실에 넣어 하루 정도 유청을 걸러낸다.

샌드위치와 샐러드를 동시에 즐길 수 있는 만능 속재료 37가지와
오픈 샌드위치, 토핑 샐러드 레시피를 담았습니다.
함께 만들어 든든한 브런치 세트로 차려도 좋고, 따로따로 만들어
가벼운 한 끼로 즐겨도 좋습니다. 만능 속재료는 샌드위치, 샐러드 둘 다
한번에 만들 수 있도록 넉넉한 분량으로 레시피를 개발했습니다.
남은 만능 속재료는 냉장 보관했다가 활용하면 좋아요.

달걀 매쉬 오픈 샌드위치

달걀 매쉬 만능 속재료로 만든
오픈 샌드위치 & 토핑 샐러드

달걀 매쉬 토핑 샐러드

삶은 달걀을 으깨어 만든 기본적인 달걀 샐러드입니다. 기호에 따라 꿀이나 올리고당으로 좀 더 달콤하게 즐기거나 딸기잼을 더해도 좋아요. 크러시드 레드 페퍼나 통후추 간 것을 올려 심플하게 즐겨보세요.

달걀 매쉬

만능 속재료의 재료는 오픈 샌드위치, 토핑 샐러드를 모두 만들 수 있는 넉넉한 분량입니다.
남은 만능 속재료는 냉장 보관 후 활용하세요.

- 달걀 3개
- 마요네즈 1큰술
- 허니 머스터드 1/2큰술
- 올리고당 1/2큰술

1 냄비에 물(4컵), 달걀을 넣고 소금, 식초를 약간씩 더해 중간 불에서 9분간 끓인다. 찬물에 담가 한김 식힌다.

2 삶은 달걀의 껍질을 벗기고 잘게 다진다.

3 볼에 모든 재료를 넣어 골고루 섞는다.

달걀 매쉬
오픈 샌드위치

1회분

- 구운 빵 1장 * 빵 굽기 13쪽
- 달걀 매쉬 5큰술(또는 1스쿱)
- 양상추 & 로메인 3장(약 50g)
- 방울토마토 2개
- 마요네즈 1큰술
- 홀그레인 머스터드 1/2작은술
- 통후추 간 것 약간(생략 가능)

[기본으로 만들기]

1 방울토마토는 2등분한다.

2 구운 빵에 마요네즈와
홀그레인 머스터드를 바르고
양상추와 로메인을 올린다.

3 달걀 매쉬, 방울토마토를 올린 후
통후추 간 것을 뿌린다.

[20쪽 완성 사진처럼 플레이팅하기]
부드러운 식빵을 사선으로
2등분하고 아삭한 채소,
달걀 매쉬를 올렸습니다.
슬라이스한 래디쉬를 올려 장식했고,
통후추 간 것을 뿌렸습니다.

× × × × × × ×

달걀 매쉬
토핑 샐러드

1회분

- 샐러드 채소 1~2줌(약 50g)
- 방울토마토 3~5개
- 달걀 매쉬 5큰술(또는 1스쿱)
- 통후추 간 것 약간

레몬 드레싱

- 레몬즙 1큰술
- 화이트와인 식초 1/2큰술(또는 식초)
- 올리브유 2큰술
- 설탕 1작은술
- 다진 파슬리 1작은술
- 소금 약간
- 후춧가루 약간

1 샐러드 채소는 한입 크기로 썬다.
방울토마토는 2등분한다.

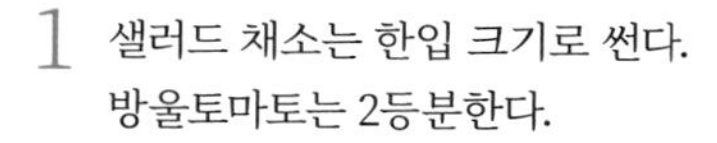

2 작은 볼에 레몬 드레싱 재료를 넣어
골고루 섞는다.

3 그릇에 샐러드 채소, 방울토마토,
달걀 매쉬를 올린 후 레몬 드레싱,
통후추 간 것을 뿌린다.

단호박 에그 만능 속재료로 만든 오픈 샌드위치 & 토핑 샐러드

단호박 에그 토핑 샐러드

달걀 매쉬에 익힌 단호박을 으깨어 넣어 더욱 부드럽고 달콤한 만능 속재료입니다.
두 개의 건강한 식재료가 만나 든든한 한 끼를 즐길 수 있지요.

단호박 에그 오픈 샌드위치

단호박 에그

만능 속재료의 재료는 오픈 샌드위치, 토핑 샐러드를 모두 만들 수 있는 넉넉한 분량입니다.
남은 만능 속재료는 냉장 보관 후 활용하세요.

- 달걀 3개
- 미니 단호박 1/4개(35g)
- 말린 크랜베리 1작은술
- 마요네즈 1큰술
- 올리고당 1/2큰술

1 냄비에 물(4컵), 달걀을 넣고 소금, 식초를 약간씩 더해 중간 불에서 9분간 끓인다. 찬물에 담가 한김 식힌다.

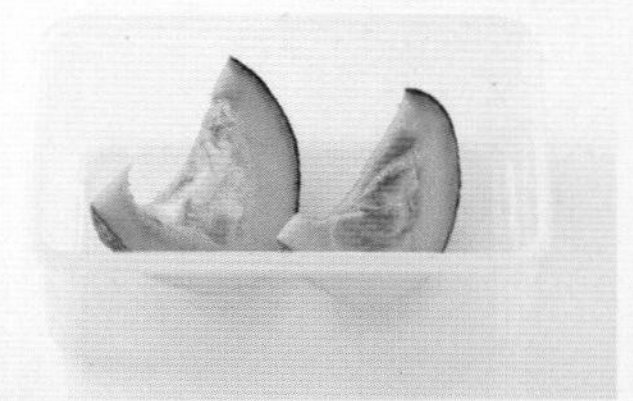

2 단호박은 2~4등분하고 씨를 파낸 후 밀폐용기에 넣어 전자레인지에서 10분간 익힌다. 한김 식혀 껍질을 제거한 후 곱게 으깬다.
＊ 토핑용으로 사용할 단호박도 함께 익힌 후 덜어놓으면 좋아요.

3 삶은 달걀의 껍질을 벗기고 잘게 다진다.

4 말린 크랜베리는 잘게 다진다.

5 볼에 모든 재료를 넣어 골고루 섞는다.

단호박 에그
오픈 샌드위치

1회분

- 구운 빵 1장 * 빵 굽기 13쪽
- 양상추 & 로메인 3장(약 20g)
- 단호박 에그 5큰술(또는 1스쿱)
- 말린 크랜베리 약간
- 마요네즈 1큰술
- 홀그레인 머스터드 1/2작은술

[기본으로 만들기]

1 말린 크랜베리는 잘게 다진다.

2 구운 빵에 마요네즈와 홀그레인 머스터드를 바르고 양상추와 로메인을 올린다.

3 단호박 에그를 올린 후 말린 크랜베리를 뿌린다.

[25쪽 완성 사진처럼 플레이팅 하기]

호밀빵에 부드러운 잎채소나 어린잎 채소를 깔고 단호박 에그를 펼쳐 올렸습니다. 익힌 단호박을 한입 크기로 썰어 곁들이고 말린 크랜베리를 뿌려 장식했습니다.

× × × × × × ×

단호박 에그
토핑 샐러드

1회분

- 샐러드 채소 1~2줌(약 50g)
- 방울토마토 3~5개
- 단호박 에그 5큰술(또는 1스쿱)
- 말린 크랜베리 다진 것 1큰술

레몬 드레싱

- 레몬즙 1큰술
- 화이트와인 식초 1/2큰술(또는 식초)
- 올리브유 2큰술
- 다진 파슬리 1작은술
- 설탕 1작은술
- 소금 약간
- 후춧가루 약간

1 샐러드 채소는 한입 크기로 썬다. 방울토마토는 2등분한다.

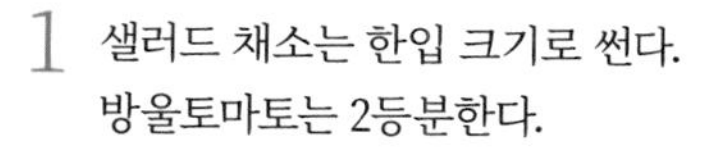

2 작은 볼에 레몬 드레싱 재료를 넣어 골고루 섞는다.

3 그릇에 샐러드 채소, 방울토마토, 단호박 에그를 올린다. 그 위에 크랜베리, 레몬 드레싱을 뿌린다.

고구마 에그 만능 속재료로 만든
오픈 샌드위치 & 토핑 샐러드

고구마 에그 오픈 샌드위치

고구마 에그 토핑 샐러드

고구마 에그슬럿에서 착안한 메뉴예요. 달달한 고구마가 삶은 달걀과 잘 어울린답니다.
껍질도 깨끗하게 씻어서 함께 먹으면 더욱 건강하게 즐길 수 있어요.

고구마 에그

만능 속재료의 재료는 오픈 샌드위치, 토핑 샐러드를 모두 만들 수 있는 넉넉한 분량입니다.
남은 만능 속재료는 냉장 보관 후 활용하세요.

- 달걀 3개
- 미니 고구마 1개(또는 고구마 1/4개, 35g)
- 마요네즈 1큰술
- 올리고당 1/2큰술

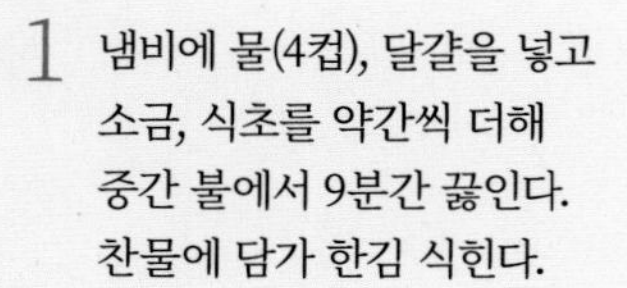

1 냄비에 물(4컵), 달걀을 넣고
소금, 식초를 약간씩 더해
중간 불에서 9분간 끓인다.
찬물에 담가 한김 식힌다.

2 끓는 물(1컵), 고구마를 넣고
약한 불에서 20분간 삶는다.
* 토핑용으로 사용할 고구마도
함께 익힌 후 덜어놓으면 좋아요.

3 삶은 달걀의 껍질을 벗기고
잘게 다진다.

4 익힌 고구마를 잘게 다진 후
나머지 재료들과 골고루 섞는다.

고구마 에그
오픈 샌드위치

1회분

- 구운 빵 1장 * 빵 굽기 13쪽
- 고구마 에그 5큰술(또는 1스쿱)
- 양상추 & 로메인 3장(약 20g)
- 마요네즈 1큰술
- 홀그레인 머스터드 1/2작은술
- 다진 파슬리 약간
  (또는 다진 허브, 생략 가능)

[기본으로 만들기]

1 방울토마토는 2등분한다.

2 구운 빵에 마요네즈와 홀그레인 머스터드를 바르고 양상추와 로메인을 올린다.

3 고구마 에그, 방울토마토를 올린 후 다진 파슬리를 뿌린다.

[28쪽 완성 사진처럼 플레이팅 하기]

부드럽고 단맛이 있는 크로와상을 사용했습니다. 아삭한 잎채소를 깔고 고구마 에그를 올렸습니다. 고구마를 깨끗이 씻어 껍질째 사용하면 색감이 더해져 더욱 먹음직스럽게 만들 수 있습니다.

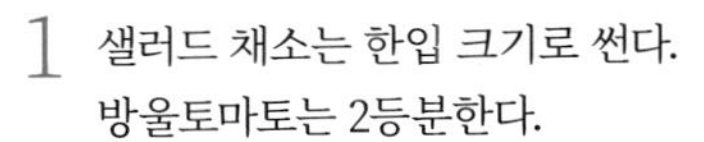

× × × × × × ×

고구마 에그
토핑 샐러드

1회분

- 샐러드 채소 1~2줌(약 50g)
- 방울토마토 3~5개
- 고구마 에그 5큰술(또는 1스쿱)
- 익힌 고구마 약간(토핑용)

레몬 드레싱

- 레몬즙 1큰술
- 화이트와인 식초 1/2큰술(또는 식초)
- 올리브유 2큰술
- 다진 파슬리 1작은술
- 설탕 1작은술
- 소금 약간
- 후춧가루 약간

1 샐러드 채소는 한입 크기로 썬다. 방울토마토는 2등분한다.

2 작은 볼에 레몬 드레싱 재료를 넣어 골고루 섞는다.

3 그릇에 샐러드 채소, 방울토마토, 익힌 고구마, 고구마 에그를 올린 후 레몬 드레싱을 곁들인다.
* 작은 고구마를 껍질째 익혀 한입 크기로 썰어 올리면 색감이 더해져 더욱 먹음직스럽게 만들 수 있어요.

크래미 에그 만능 속재료로 만든
오픈 샌드위치 & 토핑 샐러드

크래미 에그 오픈 샌드위치

삶은 달걀에 감칠맛이 풍부한 크래미를 넣어 맛과 풍미를 더했습니다.
아이들도 너무나 좋아하는 메뉴지요.

크래미 에그 토핑 샐러드

크래미 에그

만능 속재료의 재료는 오픈 샌드위치, 토핑 샐러드를 모두 만들 수 있는 넉넉한 분량입니다.
남은 만능 속재료는 냉장 보관 후 활용하세요.

- 달걀 3개
- 크래미 1줄(18g)
- 마요네즈 1큰술
- 올리고당 1/2 큰술

1 냄비에 물(4컵), 달걀을 넣고 소금, 식초를 약간씩 더해 중간 불에서 9분간 끓인다. 찬물에 담가 한김 식힌다.

2 크래미는 비닐을 벗겨 잘게 찢는다.

3 삶은 달걀의 껍질을 벗기고 잘게 다진다.

4 볼에 모든 재료를 넣어 골고루 섞는다.

크래미 에그
오픈 샌드위치

1회분

- 구운 빵 1장 * 빵 굽기 13쪽
- 크래미 에그 5큰술(또는 1스쿱)
- 양상추 & 로메인 3장(약 20g)
- 방울토마토 2개
- 마요네즈 1큰술
- 홀그레인 머스터드 1/2작은술
- 다진 파슬리 약간
(또는 다진 허브, 생략 가능)

[기본으로 만들기]

1 방울토마토는 2등분한다.

2 구운 빵에 마요네즈와 홀그레인 머스터드를 바르고 양상추와 로메인을 올린다.

3 크래미 에그, 방울토마토를 올린 후 다진 파슬리를 뿌린다.

[32쪽 완성 사진처럼 플레이팅 하기]

치아바타에 아삭한 잎채소를 올리고 크래미 에그를 올렸습니다. 다진 파슬리와 통후추 간 것을 뿌려 장식했습니다.

× × × × × × ×

크래미 에그
토핑 샐러드

1회분

- 샐러드 채소 1~2줌(약 50g)
- 방울토마토 3~5개
- 크래미 에그 5큰술(또는 1스쿱)

레몬 드레싱

- 레몬즙 1큰술
- 화이트와인 식초 1/2큰술(또는 식초)
- 올리브유 2큰술
- 다진 파슬리 1작은술
- 설탕 1작은술
- 소금 약간
- 후춧가루 약간

1 샐러드 채소는 한입 크기로 썰고, 방울토마토는 2등분한다.
* 파프리카의 껍질쪽을 얇게 저며서 채 썬 후 얼음물에 담가두면 돌돌 말려서 더욱 예쁘게 샐러드를 차릴 수 있어요.

2 작은 볼에 레몬 드레싱 재료를 넣어 골고루 섞는다.

3 그릇에 샐러드 채소, 방울토마토, 크래미 에그를 올린 후 레몬 드레싱을 곁들인다.

크리미 두부 만능 속재료로 만든
오픈 샌드위치 & 토핑 샐러드

크리미 두부 오픈 샌드위치

크리미 두부 토핑 샐러드

크림치즈처럼 부드럽고 크리미한 만능 속재료입니다. 두부로 건강한 식물성 크림치즈를 재현했지요.
구운 빵에는 그대로, 샐러드에는 부드러운 두부 크림을 더해 담백하고 고소하게 만들어보세요.

크리미 두부

만능 속재료의 재료는 오픈 샌드위치, 토핑 샐러드를 모두 만들 수 있는 넉넉한 분량입니다.
남은 만능 속재료는 냉장 보관 후 활용하세요.

- 두부 1모(300g)
- 생크림 4큰술
- 마요네즈 2큰술
- 올리고당 1큰술
- 소금 약간

1 두부는 넓게 2등분한다.
끓는 물에 두부를 넣어 4~5분간 데친다.

2 두부는 체에 밭쳐
수분을 최대한 뺀다.

3 푸드프로세서에 모든 재료를 넣어
곱게 간다.

tip 두부 고르기

수분이 많은 찌개용 두부보다 단단한
부침용 두부를 사용하는 것이 좋아요.

크리미 두부
오픈 샌드위치

1회분

- 구운 빵 1장 * 빵 굽기 13쪽
- 양상추 & 로메인 3장(약 20g)
- 방울토마토 3~4개
- 크리미 두부 4큰술(또는 1스쿱)
- 말린 크랜베리 1작은술
- 마요네즈 1큰술
- 홀그레인 머스터드 1/2작은술

[기본으로 만들기]

1 방울토마토는 2등분하고,
말린 크랜베리는 잘게 다진다.

2 구운 빵에 마요네즈와
홀그레인 머스터드를 바르고
양상추와 로메인을 올린다.

3 크리미 두부, 방울토마토를 올리고,
말린 크랜베리를 뿌린다.

[36쪽 완성 사진처럼 플레이팅 하기]

베이글을 2등분해 사용했어요.
부드러운 잎채소 위에
크리미 두부를 스쿱으로 올리고
방울토마토와 말린 크랜베리로
장식했습니다.

× × × × × × ×

크리미 두부
토핑 샐러드

1회분

- 샐러드 채소 1~2줌(약 50g)
- 방울토마토 3~5개
- 양파 1/8개
- 크리미 두부 4큰술(또는 1스쿱)
- 두부 1/2모(150g, 토핑용)
- 통깨 약간(생략 가능)

드레싱

- 두부 1/2모(150g)
- 통깨 1큰술
- 올리브유 1큰술
- 올리고당 1큰술
- 우유 4큰술
- 레몬즙 1작은술
- 소금 약간

1 푸드프로세서에 드레싱 재료를 모두
넣고 곱게 간다. 토핑용 두부(1/2모)는
사방 1cm 크기로 썰어 드레싱에 넣고
살살 버무려둔다.

2 샐러드 채소는 한입 크기로 썰고,
방울토마토는 2등분한다.
양파는 얇게 슬라이스한다.

3 그릇에 샐러드 채소, 방울토마토,
양파를 담고 ①을 올린다.
크리미 두부를 올리고 통깨를 뿌린다.

바질 두부 오픈 샌드위치

바질 두부 만능 속재료로 만든
오픈 샌드위치 & 토핑 샐러드

향긋한 바질 페스토를 두부와 함께 갈아 만든 바질 두부입니다.
은은한 바질 향이 두부와 잘 어울리지요. 부드러운 크림처럼 활용해보세요.

바질 두부 토핑 샐러드

바질 두부

만능 속재료의 재료는 오픈 샌드위치, 토핑 샐러드를 모두 만들 수 있는 넉넉한 분량입니다.
남은 만능 속재료는 냉장 보관 후 활용하세요.

- 두부 1모(300g)
- 마요네즈 4큰술
- 올리고당 2큰술
- 우유 2큰술
- 바질 페스토 2큰술
  * 홈메이드로 만들기 17쪽

1 두부는 넓게 2등분한다.
끓는 물에 두부를 넣어 4~5분간 데친다.

2 두부는 체에 밭쳐 수분을 최대한 뺀다.

3 푸드프로세서에 모든 재료를 넣어
곱게 간다.

tip 두부 고르기

수분이 많은 찌개용 두부보다 단단한
부침용 두부를 사용하는 것이 좋아요.

바질 두부
오픈 샌드위치

1회분

- 구운 빵 1장 * 빵 굽기 13쪽
- 양상추 & 로메인 3장(약 20g)
- 바질 두부 5큰술
- 방울토마토 4~6개
- 바질잎 1장
- 마요네즈 1큰술
- 홀그레인 머스터드 1/2작은술

[기본으로 만들기]

1 방울토마토는 2등분하고,
바질잎은 잘게 다지거나 그대로 활용한다.

2 구운 빵에 마요네즈와
홀그레인 머스터드를 바르고
양상추와 로메인을 올린다.

3 바질 두부를 올리고
방울토마토, 바질잎을 올린다.

[40쪽 완성 사진처럼 플레이팅 하기]

호밀 치아바타에 부드러운 채소를
깔고 바질 두부를 올렸습니다.
방울토마토는 2~4등분한 후
먹기 좋게 위에 올리고 바질잎과
통후추 간 것을 올려 장식했습니다.

× × × × × × ×

바질 두부
토핑 샐러드

1회분

- 샐러드 채소 1~2줌(약 50g)
- 토마토 슬라이스 3개
- 바질 두부 5큰술(1스쿱)
- 바질잎 3장

드레싱

- 바질 페스토 1큰술
- 올리브유 1큰술
- 레몬즙 1작은술
- 올리고당 1/2 작은술
- 후춧가루 약간
- 소금 약간

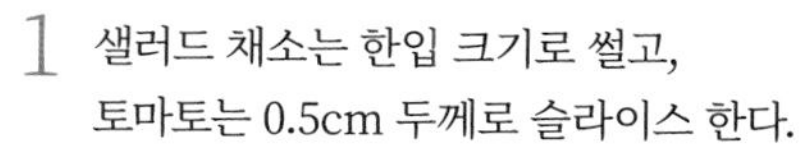

1 샐러드 채소는 한입 크기로 썰고,
토마토는 0.5cm 두께로 슬라이스 한다.

2 작은 볼에 드레싱 재료를 넣어
골고루 섞는다.

3 그릇에 샐러드 채소를 담고
바질 두부와 토마토를 올린다.
드레싱을 뿌린 후 바질잎을 올린다.
* 기호에 따라 블랙 올리브 슬라이스를
곁들여도 좋아요.

단호박 두부 오픈 샌드위치

단호박 두부 만능 속재료로 만든
오픈 샌드위치 & 토핑 샐러드

단호박 두부 토핑 샐러드

노란 단호박을 갈아 넣어 보기에도 예쁜 두부 샌드위치, 샐러드입니다.
단호박의 달콤함이 더해져 아이들도 참 좋아하는 메뉴랍니다.

단호박 두부

만능 속재료의 재료는 오픈 샌드위치, 토핑 샐러드를 모두 만들 수 있는 넉넉한 분량입니다.
남은 만능 속재료는 냉장 보관 후 활용하세요.

- 두부 1모(300g)
- 미니 단호박 1개(150g)
- 마요네즈 6큰술
- 올리고당 2큰술

1 두부는 넓게 2등분한다.
끓는 물에 두부를 넣어 4~5분간 데친다.

2 두부는 체에 밭쳐 수분을 최대한 뺀다.

3 단호박은 2~4등분하고 씨를 파낸 후 밀폐용기에 넣어 전자레인지에서 10분간 익힌다. 한김 식혀 껍질을 제거한다.
* 토핑용으로 사용할 단호박도 함께 익힌 후 덜어놓으면 좋아요.

4 푸드프로세서에 모든 재료를 넣어 곱게 간다.

tip 두부 고르기

수분이 많은 찌개용 두부보다 단단한
부침용 두부를 사용하는 것이 좋아요.

단호박 두부
오픈 샌드위치

1회분

- 구운 빵 1장 * 빵 굽기 13쪽
- 단호박 두부 5큰술(또는 1스쿱)
- 양상추 & 로메인 3장(약 20g)
- 마요네즈 1큰술
- 홀그레인 머스터드 1/2작은술
- 통후추 간 것 약간(생략 가능)

[기본으로 만들기]

1 방울토마토는 2등분한다.

2 구운 빵에 마요네즈와 홀그레인 머스터드를 바르고 양상추와 로메인을 올린다.

3 단호박 두부, 방울토마토를 올린 후 통후추 간 것을 뿌린다.

[44쪽 완성 사진처럼 플레이팅 하기]

베이글을 2등분해 사용했습니다. 알싸한 맛이 있는 루콜라를 깔고 단호박 두부를 올렸습니다. 한입 크기로 썬 익힌 단호박, 통후추 간 것을 곁들였습니다.

× × × × × × ×

단호박 두부
토핑 샐러드

1회분

- 샐러드 채소 1~2줌(약 50g)
- 방울토마토 3~5개
- 단호박 두부 5큰술(또는 1스쿱)
- 익힌 미니 단호박 약간
- 다진 파슬리 약간 (또는 다진 허브, 생략 가능)

단호박 두부크림(드레싱 겸용)

- 익힌 미니 단호박 1/4개(35g)
- 두부 1/4모(75g)
- 우유 3큰술
- 물 2큰술
- 올리고당 1큰술
- 레몬즙 1작은술

1 푸드프로세서에 단호박 두부크림 재료를 모두 넣고 곱게 간다. 익힌 단호박은 슬라이스한다.

2 샐러드 채소는 한입 크기로 썰고, 방울토마토는 2등분한다.

3 그릇에 샐러드 채소, 방울토마토, 익힌 단호박 슬라이스를 담고 단호박 두부크림 4큰술을 뿌린다. 단호박 두부를 올리고 다진 파슬리를 뿌린다. * 남은 단호박 두부크림은 냉장 보관 후 활용하세요.

망고 두부 오픈 샌드위치

망고 두부 만능 속재료로 만든
오픈 샌드위치 & 토핑 샐러드

망고 두부 토핑 샐러드

식이섬유가 많은 망고를 두부에 더했습니다.
새콤달콤한 향이 더해져 상큼하지요. 여름에는
냉동 망고를 활용해 시원하게 만들어도 좋습니다.

망고 두부

만능 속재료의 재료는 오픈 샌드위치, 토핑 샐러드를 모두 만들 수 있는 넉넉한 분량입니다.
남은 만능 속재료는 냉장 보관 후 활용하세요.

- 두부 1모(300g)
- 망고 과육 1/2개분(120g)
- 마요네즈 6큰술
- 올리고당 2큰술

1 두부는 넓게 2등분한다.
끓는 물에 두부를 넣어 4~5분간 데친다.

2 두부는 체에 밭쳐 수분을 최대한 뺀다.

3 망고는 껍질을 제거하고
과육은 한입 크기로 썬다.

4 푸드프로세서에 모든 재료를 넣어
곱게 간다.

tip 두부 고르기

수분이 많은 찌개용 두부보다 단단한
부침용 두부를 사용하는 것이 좋아요.

tip 맛있는 망고 고르기

망고는 태국산 망고가 단맛이 더 강해요.
새콤달콤한 망고의 맛을 느끼고 싶다면
태국산 망고를 구입하세요.

망고 두부 오픈 샌드위치

1회분

- 구운 빵 1장 * 빵 굽기 13쪽
- 망고 두부 3큰술
- 양상추 & 로메인 3장(약 20g)
- 마요네즈 1큰술
- 홀그레인 머스터드 1/2작은술
- 다진 파슬리 약간
  (또는 다진 허브, 생략 가능)

[기본으로 만들기]

1 방울토마토는 2등분한다.

2 구운 빵에 마요네즈와
홀그레인 머스터드를 바르고
양상추와 로메인을 올린다.

3 망고 두부, 방울토마토를 올린 후
다진 파슬리를 뿌린다.

[48쪽 완성 사진처럼 플레이팅 하기]

호밀 치아바타를 넓게 2등분한 후
2~3등분하여 사용했습니다.
부드러운 채소를 올리고
망고 슬라이스를 깐 후
방울토마토와 망고 두부를 올렸어요.
다진 파슬리와 통후추 간 것으로 장식했습니다.

× × × × × × ×

망고 두부 토핑 샐러드

1회분

- 샐러드 채소 1~2줌(약 50g)
- 방울토마토 3~5개
- 망고 두부 5큰술(또는 1스쿱)
- 망고 과육 1/4개분

망고 두부크림(드레싱 겸용)

- 망고 과육 1/4개분(60~70g)
- 두부 1/2모(150g)
- 우유 4큰술
- 물 1큰술
- 올리고당 1큰술
- 레몬즙 1/2작은술

1 망고는 사방 1cm 크기로 썬다.
푸드프로세서에 망고 두부크림 재료를
모두 넣고 곱게 간다.

2 샐러드 채소는 한입 크기로 썰고,
방울토마토 2등분한다.
* 파프리카의 껍질쪽을 얇게 저며서
채 썬 후 얼음물에 담가두면 돌돌 말려서
더욱 예쁘게 샐러드를 차릴 수 있어요.

3 그릇에 샐러드 채소, 방울토마토,
망고를 담고, 망고 두부크림 4큰술을
뿌린 후 망고 두부를 올린다.
* 남은 망고 두부크림은 냉장 보관 후
활용하세요.

감자 매쉬 오픈 샌드위치

감자 매쉬 만능 속재료로 만든
오픈 샌드위치 & 토핑 샐러드

감자 매쉬 토핑 샐러드

매쉬드 포테이토의 부드러움을 맛볼 수 있는 감자 샐러드입니다. 담백한 감자를 오롯이 느낄 수 있는 샌드위치, 아삭한 채소와 함께 상큼하게 즐길 수 있는 샐러드로 즐겨보세요.

감자 매쉬

만능 속재료의 재료는 오픈 샌드위치, 토핑 샐러드를 모두 만들 수 있는 넉넉한 분량입니다.
남은 만능 속재료는 냉장 보관 후 활용하세요.

- 감자 작은 것 2개(또는 큰 것 1개, 150g)
- 마요네즈 3큰술
- 올리고당 2작은술
- 소금 약간
- 후춧가루 약간

1 냄비에 물(2와 1/2컵), 껍질을 벗긴 감자, 소금(약간)을 넣고 중간 불에서 30분간 삶는다.

2 삶은 감자는 한김 식힌 후 으깬다.

3 볼에 모든 재료를 넣고 골고루 섞는다.

감자 매쉬
오픈 샌드위치

1회분

- 구운 빵 1장 * 빵 굽기 13쪽
- 감자 매쉬 5큰술(또는 1스쿱)
- 양상추 & 로메인 3장(약 50g)
- 오이 1/4개
- 마요네즈 1큰술
- 홀그레인 머스터드 1/2작은술
- 다진 허브 약간(생략 가능)

[기본으로 만들기]

1 오이는 얇게 슬라이스한다.

2 구운 빵에 마요네즈와 홀그레인 머스터드를 바르고 양상추와 로메인을 올린다.

3 오이, 감자 매쉬를 올린 후 다진 허브를 뿌린다.

[52쪽 완성 사진처럼 플레이팅 하기]

베이글을 2등분한 후 스프레드를 바르고 루콜라, 오이를 올린 후 감자 매쉬를 올렸어요.
오이는 소금에 살짝 절인 후 물기를 제거하고 사용해도 좋아요.
딜, 핑크 후추를 뿌려 장식했습니다.

감자 매쉬
토핑 샐러드

1회분

- 샐러드 채소 1~2줌(약 50g)
- 방울토마토 3~5개
- 오이 1/4개
- 감자 매쉬 5큰술(또는 1스쿱)
- 통후추 간 것 약간(생략 가능)

레몬 간장 드레싱

- 다진 양파 1큰술
- 설탕 1큰술
- 물 3큰술
- 양조간장 2큰술
- 레몬즙 1큰술
- 화이트와인 식초 1큰술(또는 식초)
- 꿀 1큰술
- 후춧가루 약간

1 샐러드 채소는 한입 크기로 썬다. 방울토마토는 2등분하고, 오이는 사방 1cm 크기로 썬다.

2 볼에 레몬 간장 드레싱 재료를 모두 넣어 골고루 섞는다.
* 드레싱의 양이 넉넉하니 냉장 보관한 후 활용하세요.

3 그릇에 샐러드 채소, 방울토마토, 오이, 감자 매쉬를 올린다. 레몬 간장 드레싱, 통후추 간 것을 곁들인다.

할라피뇨 감자 오픈 샌드위치

할라피뇨 감자 만능 속재료로 만든 오픈 샌드위치 & 토핑 샐러드

할라피뇨 감자 토핑 샐러드

부드러운 감자매쉬에 매콤한 할라피뇨를 다져 넣어
기분 좋은 매콤함을 더했답니다. 기호에 따라 할라피뇨의 양을
가감해서 매운맛을 조절하세요.

할라피뇨 감자

만능 속재료의 재료는 오픈 샌드위치, 토핑 샐러드를 모두 만들 수 있는 넉넉한 분량입니다.
남은 만능 속재료는 냉장 보관 후 활용하세요.

- 감자 작은 것 2개(또는 큰 것 1개, 150g)
- 할라피뇨 슬라이스 10개
- 다진 양파 1큰술
- 마요네즈 3큰술
- 올리고당 2작은술
- 소금 약간
- 후춧가루 약간

1 냄비에 물(2와 1/2컵), 껍질을 벗긴 감자, 소금 약간을 넣고 중간 불에서 30분간 삶는다.

2 삶은 감자는 한김 식힌 후 으깬다.

3 할라피뇨는 물기를 제거하고 잘게 다진다.

4 볼에 모든 재료를 넣고 골고루 섞는다.

할라피뇨 감자 오픈 샌드위치

1회분

- 구운 빵 1장 * 빵 굽기 13쪽
- 할라피뇨 감자 5큰술(또는 1스쿱)
- 양상추 & 로메인 3장(약 20g)
- 마요네즈 1큰술
- 홀그레인 머스터드 1/2작은술
- 크러시드 레드 페퍼 약간(생략 가능)

[기본으로 만들기]

1 구운 빵에 마요네즈와 홀그레인 머스터드를 바르고 양상추와 로메인을 올린다.

2 할라피뇨 감자를 올린 후 크러시드 레드 페퍼를 뿌린다.

[56쪽 완성 사진처럼 플레이팅 하기]

호밀빵에 루콜라나 어린잎 채소를 올리고 할라피뇨 감자를 올렸어요. 좀 더 매운맛을 원한다면 할라피뇨 다진 것을 더 뿌려서 즐겨도 좋아요. 크러시드 레드 페퍼를 곁들여 색감을 더했습니다.

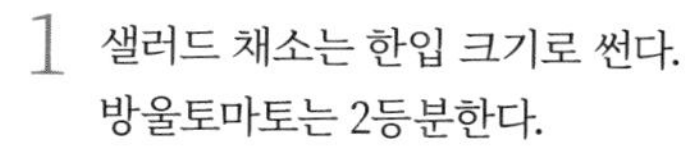

× × × × × × ×

할라피뇨 감자 토핑 샐러드

1회분

- 샐러드 채소 1~2줌(약 50g)
- 방울토마토 3~5개
- 할라피뇨 감자 5큰술(또는 1스쿱)
- 할라피뇨 슬라이스 약간(토핑용)
- 크러시드 레드 페퍼 약간(생략 가능)

레몬 간장 드레싱

- 다진 양파 1큰술
- 설탕 1큰술
- 물 3큰술
- 양조간장 2큰술
- 레몬즙 1큰술
- 식초 1큰술
- 꿀 1큰술
- 후춧가루 약간

1 샐러드 채소는 한입 크기로 썬다. 방울토마토는 2등분한다.

2 볼에 레몬 간장 드레싱 재료를 모두 넣어 골고루 섞는다.
* 드레싱의 양이 넉넉하니 냉장 보관한 후 활용하세요.

3 그릇에 샐러드 채소, 방울토마토, 할라피뇨 슬라이스, 할라피뇨 감자를 올린 후 레몬 간장 드레싱, 크러시드 레드 페퍼를 뿌린다.

베이컨 감자 만능 속재료로 만든
오픈 샌드위치 & 토핑 샐러드

베이컨 감자 토핑 샐러드

감칠맛이 강한 베이컨과 담백한 감자는 환상의 짝꿍이죠.
감자를 으깨지 않고 큼직하게 다진 후 볶아 감자의 식감도 살렸답니다.

베이컨 감자 오픈 샌드위치

베이컨 감자

만능 속재료의 재료는 오픈 샌드위치, 토핑 샐러드를 모두 만들 수 있는 넉넉한 분량입니다.
남은 만능 속재료는 냉장 보관 후 활용하세요.

× ×

- 감자 작은 것 2개(또는 큰 것 1개, 150g)
- 베이컨 6줄
- 올리브유 2큰술
- 다진 마늘 1큰술
- 소금 약간
- 후춧가루 약간

1 냄비에 물(2와 1/2컵), 껍질을 벗긴 감자, 소금 약간을 넣고 중간 불에서 30분간 삶는다.

2 삶은 감자는 한김 식힌 후 잘게 다진다.

3 달군 팬에 베이컨을 올려 센 불에서 뒤집어가며 1분간 익힌다.

4 키친타월에 베이컨을 올려 기름기를 제거하고 잘게 다진다.

5 달군 팬에 올리브유, 다진 마늘을 넣고 센 불에서 30초간 볶다가 감자, 베이컨, 소금, 후춧가루를 넣고 가볍게 섞는다.

베이컨 감자
오픈 샌드위치

1회분

- 구운 빵 1장 * 빵 굽기 13쪽
- 양상추 & 로메인 3장(약 20g)
- 베이컨 감자 5큰술(또는 1/2컵)
- 마요네즈 1큰술
- 홀그레인 머스터드 1/2작은술
- 크러시드 레드 페퍼 약간(생략 가능)

[기본으로 만들기]

1 구운 빵에 마요네즈와 홀그레인 머스터드를 바르고 양상추와 로메인을 올린다.

2 베이컨 감자를 올린 후 크러시드 레드 페퍼를 뿌린다.

[61쪽 완성 사진처럼 플레이팅 하기]
부드러운 크로와상을 2등분해 루콜라, 베이컨 감자를 올렸습니다. 크러시드 레드 페퍼로 매운맛과 색감을 더했습니다.

× × × × × × ×

베이컨 감자
토핑 샐러드

1회분

- 샐러드 채소 1~2줌(약 50g)
- 방울토마토 3~5개
- 베이컨 감자 5큰술(1/2컵)
- 크러시드 레드 페퍼 약간(생략 가능)

레몬 간장 드레싱

- 다진 양파 1큰술
- 설탕 1큰술
- 물 3큰술
- 양조간장 2큰술
- 레몬즙 1큰술
- 식초 1큰술
- 꿀 1큰술
- 후춧가루 약간

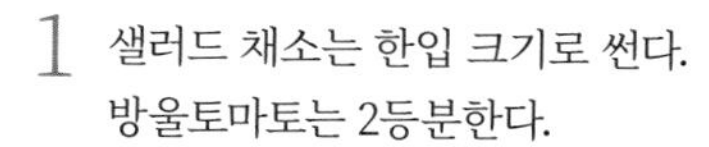

1 샐러드 채소는 한입 크기로 썬다. 방울토마토는 2등분한다.

2 볼에 레몬 간장 드레싱 재료를 모두 넣어 골고루 섞는다.
* 드레싱의 양이 넉넉하니 냉장 보관한 후 활용하세요.

3 그릇에 샐러드 채소, 방울토마토, 베이컨 감자를 올린다. 드레싱, 크러시드 레드 페퍼를 곁들인다.
* 식감과 색감을 더하기 위해 래디쉬 슬라이스를 곁들여도 좋아요.

후무스 만능 속재료로 만든
오픈 샌드위치 & 토핑 샐러드

후무스 오픈 샌드위치

후무스 토핑 샐러드

담백한 병아리콩을 갈아 만든 중동의 대표 음식인 후무스(hummus).
빵에 올려 든든한 스프레드처럼, 샐러드 위에 푸짐하게 올려 토핑 겸 드레싱으로 즐겨보세요.

후무스

만능 속재료의 재료는 오픈 샌드위치, 토핑 샐러드를 모두 만들 수 있는 넉넉한 분량입니다.
남은 만능 속재료는 냉장 보관 후 활용하세요.

- 병아리콩 1컵
  (또는 삶은 병아리콩 2컵, 300g)
- 통깨 4큰술
- 다진 마늘 1큰술
- 물 10큰술
- 올리고당 1큰술
- 올리브유 4큰술
- 레몬즙 1작은술
- 큐민파우더 약간(생략 가능)
- 다진 파슬리 약간(생략 가능)
- 소금 약간
- 후춧가루 약간

1 병아리콩은 흐르는 물에 씻은 후 충분한 물에 담가 6시간 이상 불린다.
＊ 샌드위치나 샐러드에 올릴 토핑용 병아리콩도 함께 불린 후 삶아 덜어두어도 좋아요.

2 냄비에 불린 병아리콩, 물(3컵)과 소금(약간)을 넣고 물이 끓어오르면 약한 불로 줄여 병아리콩이 부드러워질 때까지 30~40분간 삶는다.

3 병아리콩은 체에 밭쳐 한김 식힌다. 푸드프로세서에 나머지 재료들과 함께 넣어 곱게 간다.
＊ 삶은 병아리콩의 껍질을 벗긴 후 후무스를 만들면 더욱 부드러워요.

후무스
오픈 샌드위치

1회분

- 구운 빵 1장 * 빵 굽기 13쪽
- 후무스 5큰술(또는 1스쿱)
- 양상추 & 로메인 3장(약 20g)
- 마요네즈 1큰술
- 홀그레인 머스터드 1/2작은술
- 다진 파슬리 약간
  (또는 다진 허브, 생략 가능)

[기본으로 만들기]

1 구운 빵에 마요네즈와 홀그레인 머스터드를 바르고 양상추와 로메인을 올린다.

2 후무스를 올린 후 다진 파슬리를 뿌린다.

[64쪽 완성 사진처럼 플레이팅 하기]

담백한 호밀빵에 부드러운 채소를 깔고 후무스를 펼쳐 담았습니다. 기호에 따라 올리브유를 뿌리고 통후추 간 것을 곁들여도 좋아요.

× × × × × × ×

후무스
토핑 샐러드

1회분

- 샐러드 채소 1~2줌(약 50g)
- 방울토마토 3~5개
- 삶은 병아리콩 약간
- 다진 파슬리 약간
  (또는 다진 허브, 생략 가능)

후무스 토핑(드레싱 겸용)

- 후무스 5큰술
- 물 3큰술
- 올리고당 1큰술
- 레몬즙 2작은술
- 올리브유 1/2작은술

1 샐러드 채소는 한입 크기로 썰고, 방울토마토는 2등분한다.

2 후무스 토핑의 모든 재료를 섞어 부드러워지게 만든다.
* 농도를 보고 되직하면 올리브유를 더 넣어 묽게 만들어요.

3 그릇에 샐러드 채소와 방울토마토, 삶은 병아리콩을 담고 후무스 토핑을 올린다. 다진 파슬리를 뿌린다.

비트 후무스 오픈 샌드위치

비트 후무스 만능 속재료로 만든
오픈 샌드위치 & 토핑 샐러드

철분이 풍부한 비트를 넣어 사랑스런 핑크빛의 후무스를 만들었습니다.
샌드위치와 샐러드를 더욱 건강하고 예쁘게 만들어보세요.

비트 후무스 토핑 샐러드

비트 후무스

만능 속재료의 재료는 오픈 샌드위치, 토핑 샐러드를 모두 만들 수 있는 넉넉한 분량입니다.
남은 만능 속재료는 냉장 보관 후 활용하세요.

- 병아리콩 1컵
  (또는 삶은 병아리콩 2컵, 300g)
- 비트 약 1/10개(40g)
- 통깨 2큰술
- 물 10큰술
- 올리브유 4큰술
- 다진 마늘 2작은술
- 레몬즙 2작은술
- 올리고당 2작은술
- 소금 약간
- 후춧가루 약간

1 병아리콩은 흐르는 물에 씻은 후
충분한 물에 담가 6시간 이상 불린다.
* 샌드위치나 샐러드에 올릴
토핑용 병아리콩도 함께 불린 후 삶아
덜어두어도 좋아요.

2 냄비에 불린 병아리콩, 물(3컵)과
소금(약간)을 넣고 물이 끓어오르면
약한 불로 줄여 병아리콩이
부드러워질 때까지 30~40분간 삶는다.

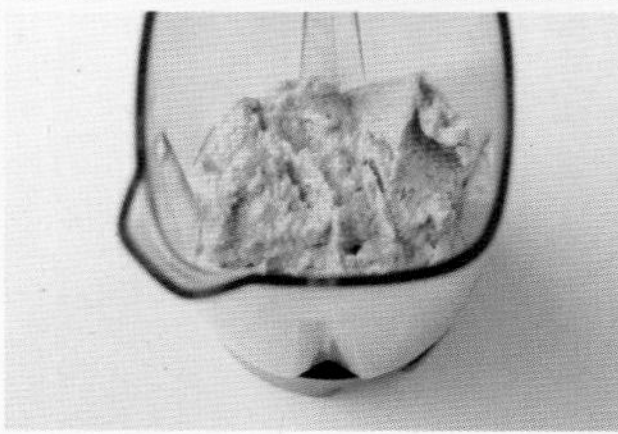

3 병아리콩은 체에 밭쳐 한김 식힌다.
푸드프로세서에 나머지 재료들과
함께 넣어 곱게 간다.
* 삶은 병아리콩의 껍질을 벗긴 후
후무스를 만들면 더욱 부드러워요.

비트 후무스
오픈 샌드위치

1회분

- 구운 빵 1장 * 빵 굽기 13쪽
- 비트 후무스 5큰술(또는 1스쿱)
- 양상추 & 로메인 3장(약 20g)
- 채 썬 비트 약간
- 삶은 병아리콩 1큰술
- 마요네즈 1큰술
- 홀그레인 머스터드 1/2작은술
- 다진 파슬리 약간
  (또는 다진 허브, 생략 가능)

[기본으로 만들기]

1 구운 빵에 마요네즈와 홀그레인 머스터드를 바르고 양상추와 로메인을 올린다.

2 비트 후무스를 올린 후 채 썬 비트, 삶은 병아리콩을 올리고 다진 파슬리를 뿌린다.

[68쪽 완성 사진처럼 플레이팅 하기]

견과류가 들어간 잡곡빵을 사용했고, 양상추, 로메인 대신 얇게 슬라이스한 오이를 깔고 분홍빛의 비트 후무스, 삶은 병아리콩을 올렸습니다. 채 썬 비트 또는 작게 깍뚝 썬 비트를 올려도 좋아요.

× × × × × × ×

비트 후무스
토핑 샐러드

1회분

- 샐러드 채소 1~2줌(약 50g)
- 방울토마토 4~5개
- 채 썬 비트 약간
- 삶은 병아리콩 약간
- 다진 파슬리 약간
  (또는 다진 허브, 생략 가능)

비트 후무스 토핑(드레싱 겸용)

- 비트 후무스 5큰술
- 물 1과 1/2큰술
- 올리고당 1/2큰술
- 레몬즙 1작은술
- 올리브유 1/2작은술

1 샐러드 채소는 한입 크기로 썰고, 방울토마토는 2등분하고, 비트는 채 썬다.

2 비트 후무스 토핑의 모든 재료를 섞어 부드러워지게 만든다.
* 농도를 보고 되직하면 올리브유를 더 넣어 묽게 만들어요.

3 그릇에 샐러드 채소와 방울토마토, 삶은 병아리콩, 채 썬 비트를 담고 비트 후무스 토핑을 올린다. 다진 파슬리를 뿌린다.

단호박 후무스 만능 속재료로 만든
오픈 샌드위치 & 토핑 샐러드

단호박 후무스 오픈 샌드위치

달콤하고 담백한 찐 단호박을 넣어 영양과 맛을 더했답니다.
부드러운 단호박 후무스를 올려 더욱 든든한 한 끼를 차려보세요.

단호박 후무스 토핑 샐러드

단호박 후무스

만능 속재료의 재료는 오픈 샌드위치, 토핑 샐러드를 모두 만들 수 있는 넉넉한 분량입니다.
남은 만능 속재료는 냉장 보관 후 활용하세요.

× ×

- 병아리콩 1컵
  (또는 삶은 병아리콩 2컵, 300g)
- 미니 단호박 1개(150g)
- 통깨 2큰술
- 물 15큰술
- 올리고당 1큰술
- 올리브유 2큰술
- 다진 마늘 1작은술
- 레몬즙 2작은술
- 소금 약간
- 후춧가루 약간

1 병아리콩은 흐르는 물에 씻은 후 충분한 물에 담가 6시간 이상 불린다.
* 샌드위치나 샐러드에 올릴 토핑용 병아리콩도 함께 불린 후 삶아 덜어두어도 좋아요.

2 냄비에 불린 병아리콩, 물(3컵)과 소금(약간)을 넣고 물이 끓어오르면 약한 불로 줄여 병아리콩이 부드러워질 때까지 30~40분간 삶는다.

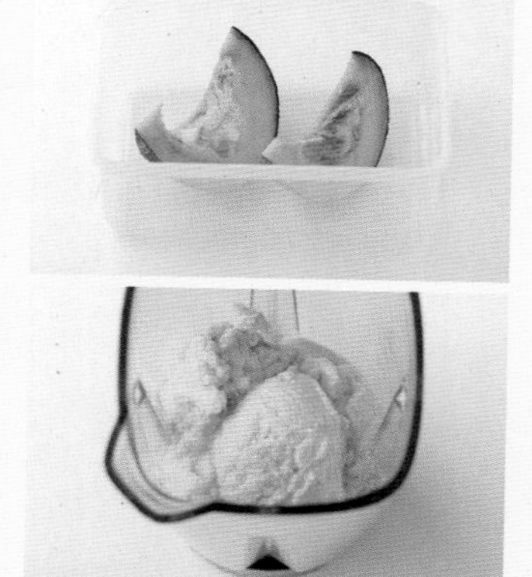

3 단호박은 2~4등분하고 씨를 파내고 밀폐용기에 넣어 전자레인지에서 10분간 익힌다. 한김 식혀 껍질을 제거한다.
* 토핑용으로 사용할 단호박도 함께 익힌 후 덜어놓으면 좋아요.

4 병아리콩은 체에 밭쳐 한김 식힌다. 푸드프로세서에 나머지 재료들과 함께 넣어 곱게 간다.
* 삶은 병아리콩의 껍질을 벗긴 후 후무스를 만들면 더욱 부드러워요.

단호박 후무스
오픈 샌드위치

1회분

- 구운 빵 1장 * 빵 굽기 13쪽
- 단호박 후무스 5큰술(또는 1스쿱)
- 양상추 & 로메인 3장(약 20g)
- 마요네즈 1큰술
- 홀그레인 머스터드 1/2작은술
- 다진 파슬리 약간
  (또는 다진 허브, 생략 가능)

[기본으로 만들기]

1 구운 빵에 마요네즈와 홀그레인 머스터드를 바르고 양상추와 로메인을 올린다.

2 단호박 후무스를 올린 후 다진 파슬리를 뿌린다.

[72쪽 완성 사진처럼 플레이팅 하기]

호밀 치아바타에 부드러운 채소를 깔고 단호박 후무스를 올렸습니다. 넓게 펼쳐 담은 후 익힌 단호박을 한입 크기로 썰어 올리면 식감이 더욱 좋아요. 어린 루콜라와 어린잎 채소를 올려 장식했습니다.

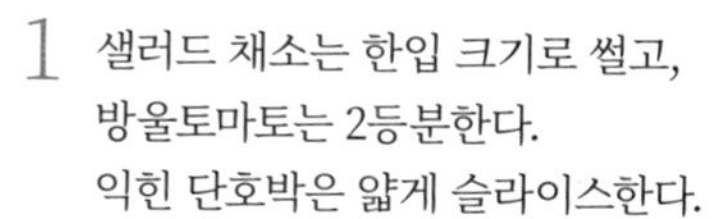

× × × × × × ×

단호박 후무스
토핑 샐러드

1회분

- 샐러드 채소 1~2줌(약 50g)
- 방울토마토 3~5개
- 삶은 병아리콩 약간
- 익힌 단호박 약간
- 다진 파슬리 약간
  (또는 다진 허브, 생략 가능)

단호박 후무스 토핑(드레싱 겸용)

- 단호박 후무스 5큰술
- 물 2큰술
- 올리고당 1큰술
- 올리브유 1/2작은술

1 샐러드 채소는 한입 크기로 썰고, 방울토마토는 2등분한다. 익힌 단호박은 얇게 슬라이스한다.

2 단호박 후무스 토핑의 모든 재료를 섞어 부드러워지게 만든다.
* 농도를 보고 되직하면 올리브유를 더 넣어 묽게 만들어요.

3 그릇에 샐러드 채소와 방울토마토, 삶은 병아리콩, 단호박 슬라이스를 담고 단호박 후무스 토핑을 골고루 올린다. 다진 파슬리를 뿌린다.

망고 후무스 만능 속재료로 만든
오픈 샌드위치 & 토핑 샐러드

망고 후무스 오픈 샌드위치

망고 후무스 토핑 샐러드

새콤달콤한 망고를 병아리콩과 함께 갈아 만든 망고 후무스예요.
생망고를 곁들여 더욱 상큼한 맛의 샌드위치, 샐러드를 즐겨보세요.

망고 후무스

만능 속재료의 재료는 오픈 샌드위치, 토핑 샐러드를 모두 만들 수 있는 넉넉한 분량입니다.
남은 만능 속재료는 냉장 보관 후 활용하세요.

× ×

- 병아리콩 1컵
  (또는 삶은 병아리콩 2컵, 300g)
- 망고 과육 1/4개분(또는 냉동 망고, 60g)
- 통깨 2큰술
- 물 10큰술
- 올리고당 2큰술
- 올리브유 2큰술
- 레몬즙 2작은술
- 소금 약간

1 병아리콩은 흐르는 물에 씻은 후
충분한 물에 담가 6시간 이상 불린다.
＊ 샌드위치나 샐러드에 올릴
토핑용 병아리콩도 함께 불린 후
삶아 덜어두어도 좋아요.

2 냄비에 불린 병아리콩, 물(3컵)과
소금(약간)을 넣고 물이 끓어오르면
약한 불로 줄여 병아리콩이
부드러워질 때까지 30~40분간 삶는다.

3 망고는 껍질을 제거하고
과육만 한입 크기로 썬다.

4 병아리콩은 체에 밭쳐 한김 식힌다.
푸드프로세서에 나머지 재료들과
함께 넣어 곱게 간다.
＊ 삶은 병아리콩의 껍질을 벗긴 후
후무스를 만들면 더욱 부드러워요.

⇢tip⇠ 맛있는 망고 고르기

망고는 태국산 망고가 단맛이 더 강해요.
새콤달콤한 망고의 맛을 느끼고 싶다면
태국산 망고를 구입하세요.

망고 후무스
오픈 샌드위치

1회분

- 구운 빵 1장 * 빵 굽기 13쪽
- 망고 후무스 5큰술(또는 1스쿱)
- 망고 과육 1/4개분
- 양상추 & 로메인 3장(약 20g)
- 마요네즈 1큰술
- 홀그레인 머스터드 1/2작은술
- 다진 파슬리 약간
  (또는 다진 허브, 생략 가능)

[기본으로 만들기]

1 망고는 껍질을 벗기고 슬라이스한다.

2 구운 빵에 마요네즈와 홀그레인 머스터드를 바르고 양상추와 로메인을 올린다.

3 망고 슬라이스, 망고 후무스를 올리고 다진 파슬리를 뿌린다.

[76쪽 완성 사진처럼 플레이팅 하기]

고소한 통밀 식빵에 어린잎 채소를 듬뿍 올린 후 망고 슬라이스, 망고 후무스를 올렸어요. 스쿱으로 올린 후 펼쳐 담고 허브와 통후추 간 것을 뿌렸습니다.

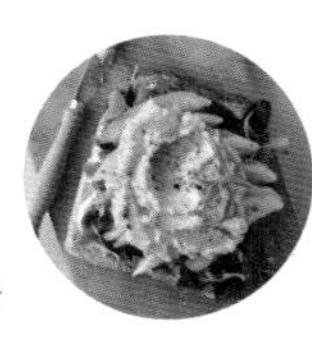

× × × × × × ×

망고 후무스
토핑 샐러드

1회분

- 샐러드 채소 1~2줌(약 50g)
- 방울토마토 3~5개
- 삶은 병아리콩 약간
- 망고 과육 1/4개분
- 다진 파슬리 약간
  (또는 다진 허브, 생략 가능)

망고 후무스 토핑(드레싱 겸용)

- 망고 후무스 5큰술
- 물 1/2작은술
- 레몬즙 1작은술
- 올리고당 1/2작은술
- 올리브유 1/2작은술

1 샐러드 채소는 한입 크기로 썰고, 방울토마토는 2등분한다. 망고는 깍둑 썬다.

2 망고 후무스 토핑의 모든 재료를 섞어 부드러워지게 만든다.
* 농도를 보고 되직하면 올리브유를 더 넣어 묽게 만들어요.

3 그릇에 샐러드 채소와 방울토마토, 삶은 병아리콩, 망고를 담고 망고 후무스 토핑을 골고루 올린다. 다진 파슬리를 뿌린다.

치즈 블렌드 오픈 샌드위치

치즈 블렌드 만능 속재료로 만든
오픈 샌드위치 & 토핑 샐러드

치즈 블렌드 토핑 샐러드

리코타 치즈에 체다 치즈를 더해서 만든 속재료입니다. 꿀로 은은한 단맛을 더했지요.
구운 빵에 쓱 발라 간단한 샌드위치를 만들어도 좋고, 리코타 치즈 샐러드처럼 폼나게 즐겨도 좋습니다.

치즈 블렌드

만능 속재료의 재료는 오픈 샌드위치, 토핑 샐러드를 모두 만들 수 있는 넉넉한 분량입니다.
남은 만능 속재료는 냉장 보관 후 활용하세요.

- 리코타 치즈 10큰술
  * 홈메이드로 만들기 17쪽
- 체다 슬라이스 치즈 1장
  (또는 슈레드 체다 치즈 1/2컵)
- 우유 1작은술
- 생크림 1작은술
- 올리고당 1작은술
- 레몬즙 1작은술

1 체다 슬라이스 치즈는 잘게 다진다.

2 볼에 모든 재료를 넣고 골고루 섞는다.

치즈 블렌드
오픈 샌드위치

1회분

- 구운 빵 1장 * 빵 굽기 13쪽
- 치즈 블렌드 5큰술(또는 1스쿱)
- 양상추 & 로메인 3장(약 20g)
- 마요네즈 1큰술
- 홀그레인 머스터드 1/2작은술

[기본으로 만들기]

1 구운 빵에 마요네즈와 홀그레인 머스터드를 바르고 양상추와 로메인을 올린다.

2 치즈 블렌드를 올린다.

[80쪽 완성 사진처럼 플레이팅 하기]

잡곡빵에 치즈 블렌드를 펴바른 후 루콜라를 올려 즐겨도 좋아요. 크러시드 레드 페퍼로 매운맛을 더했습니다.

치즈 블렌드
토핑 샐러드

1회분

- 샐러드 채소 1~2줌(약 50g)
- 방울토마토 3~5개
- 치즈 블렌드 5큰술(또는 1스쿱)
- 그라나 파다노 치즈 간 것 약간
- 발사믹 글레이즈 약간
  * 홈메이드로 만들기 17쪽

1 샐러드채소는 한입 크기로 썰고, 방울토마토는 2등분한다.

2 그릇에 샐러드 채소, 방울토마토를 담고 치즈 블렌드를 올린다. 그라나 파다노 치즈 간 것, 발사믹 글레이즈를 뿌린다.

토마토 치즈 블렌드 토핑 샐러드

토마토 치즈 블렌드 만능 속재료로 만든
오픈 샌드위치 & 토핑 샐러드

토마토 치즈 블렌드 오픈 샌드위치

치즈 블렌드에 다진 토마토를 넣어 상큼함을 더했습니다.
토마토와 모짜렐라 치즈를 함께 먹는
카프레제 샐러드의 맛을 느낄 수 있을 거예요.

토마토 치즈 블렌드

만능 속재료의 재료는 오픈 샌드위치, 토핑 샐러드를 모두 만들 수 있는 넉넉한 분량입니다.
남은 만능 속재료는 냉장 보관 후 활용하세요.

- 리코타 치즈 10큰술
  * 홈메이드로 만들기 17쪽
- 체다 슬라이스 치즈 1장
  (또는 슈레드 체다 치즈 1/2컵)
- 다진 토마토 2큰술
- 우유 1큰술
- 생크림 1큰술
- 올리고당 1작은술
- 레몬즙 1작은술

1 체다 슬라이스 치즈와 토마토는 잘게 다진다.

2 볼에 모든 재료를 넣고 골고루 섞는다.

토마토 치즈 블렌드
오픈 샌드위치

1회분

- 구운 빵 1장 * 빵 굽기 13쪽
- 양상추 & 로메인 3장(약 20g)
- 토마토 치즈 블렌드 5큰술(또는 1스쿱)
- 마요네즈 1큰술
- 홀그레인 머스터드 1/2작은술
- 다진 파슬리 약간
  (또는 다진 허브, 생략 가능)

[기본으로 만들기]

1 구운 빵에 마요네즈와 홀그레인 머스터드를 바르고 양상추와 로메인을 올린다.

2 토마토 치즈 블렌드를 올리고 다진 파슬리를 뿌린다.

[85쪽 완성 사진처럼 플레이팅 하기]

버터 향이 있는 크로플을 사용했어요. 채소 없이 토마토 치즈 블렌드만 올려 꿀을 곁들이거나 부드러운 어린잎 채소, 토마토 치즈 블렌드를 올리고 다진 파슬리를 뿌려도 좋아요.

× × × × × × ×

토마토 치즈 블렌드
토핑 샐러드

1회분

- 샐러드 채소 1~2줌(약 50g)
- 방울토마토 3~5개
- 토마토 치즈 블렌드 5큰술(또는 1스쿱)
- 그라나 파다노 치즈 간 것 약간
- 발사믹 글레이즈 약간
  * 홈메이드로 만들기 17쪽

1 샐러드 채소는 한입 크기로 썰고, 방울토마토는 2등분한다.

2 그릇에 샐러드 채소, 방울토마토, 토마토 치즈 블렌드를 올린다. 그라나 파다노 치즈 간 것, 발사믹 글레이즈를 뿌린다.

너트 치즈 블렌드 만능 속재료로 만든
오픈 샌드위치 & 토핑 샐러드

너트 치즈 블렌드 토핑 샐러드

부드러운 치즈 블렌드에 오독오독 씹히는 재미가 있는 견과류를 듬뿍 넣어 만들었어요.
견과류나 씨앗류는 기호에 따라 다양하게 대체해도 좋아요.

너트 치즈 블렌드 오픈 샌드위치

너트 치즈 블렌드

만능 속재료의 재료는 오픈 샌드위치, 토핑 샐러드를 모두 만들 수 있는 넉넉한 분량입니다.
남은 만능 속재료는 냉장 보관 후 활용하세요.

- 리코타 치즈 10큰술
  * 홈메이드로 만들기 17쪽
- 체다 슬라이스 치즈 1/2장
  (또는 슈레드 체다 치즈 1/4컵)
- 다진 호두 1작은술
- 아몬드 슬라이스 1작은술
- 해바라기씨 1작은술
- 호박씨 1큰술
- 우유 1큰술
- 생크림 1큰술
- 올리고당 1작은술
- 레몬즙 1작은술

1 체다 슬라이스 치즈는 잘게 다진다.
호두는 키친타월을 깔고
그 위에 올려 잘게 다진다.
나머지 견과류와 섞는다.

2 볼에 모든 재료를 넣고
골고루 섞는다.

너트 치즈 블렌드
오픈 샌드위치

1회분

- 구운 빵 1장 * 빵 굽기 13쪽
- 양상추 & 로메인 3장(약 20g)
- 방울토마토 2개
- 너트 치즈 블렌드 5큰술(또는 1스쿱)
- 마요네즈 1큰술
- 홀그레인 머스터드 1/2작은술

[기본으로 만들기]

1 방울토마토는 2등분한다.

2 구운 빵에 마요네즈와 홀그레인 머스터드를 바르고 양상추와 로메인을 올린다.

3 너트 치즈 블렌드, 방울토마토를 올린다.

[89쪽 완성 사진처럼 플레이팅 하기]

호밀빵에 치커리를 올리고 너트 치즈 블렌드를 올렸습니다. 기호에 따라 방울토마토를 생략해도 좋고, 다진 견과류를 더욱 듬뿍 올려도 좋습니다.

× × × × × × ×

너트 치즈 블렌드
토핑 샐러드

1회분

- 샐러드 채소 1~2줌(약 50g)
- 방울토마토 3~5개
- 너트 치즈 블렌드 5큰술(또는 1스쿱)
- 발사믹 글레이즈 약간
  * 홈메이드로 만들기 17쪽
- 다진 파슬리 약간
  (또는 다진 허브, 생략 가능)

1 샐러드 채소는 한입 크기로 썬다. 방울토마토는 2등분한다.

2 그릇에 샐러드 채소, 방울토마토를 담은 후 너트 치즈 블렌드를 올린다. 발사믹 글레이즈, 다진 파슬리를 뿌린다.

새우 튀김 오픈 샌드위치

새우 튀김 & 딜 사워크림 만능 속재료로 만든
오픈 샌드위치 & 토핑 샐러드

새우 튀김 토핑 샐러드

시판 새우 튀김으로 간편하게, 폼 나게 만들 수 있는 메뉴예요.
딜 사워크림으로 고급스러운 맛을 더했답니다.

새우 튀김 & 딜 사워크림

만능 속재료의 재료는 오픈 샌드위치, 토핑 샐러드를 모두 만들 수 있는 넉넉한 분량입니다.
남은 만능 속재료는 냉장 보관 후 활용하세요.

- 시판 새우 튀김 6마리

딜 사워크림

- 딜 1큰술(기호에 따라 가감)
- 사워크림 2큰술
- 우유 2큰술
- 마요네즈 4큰술
- 설탕 1작은술
- 화이트와인 1작은술
- 소금 약간
- 후춧가루 약간

[새우 튀기기]

1 냄비에 기름(2컵)을 넣고 중간 불에서 끓인다. 새우 튀김을 넣고 2~3분간 튀긴다.

2 딜은 잎만 떼어 잘게 다진다.

[딜 사워크림 만들기]

3 볼에 딜 사워크림의 모든 재료를 넣어 골고루 섞는다.

새우 튀김
오픈 샌드위치

1회분

- 구운 빵 1장 * 빵 굽기 13쪽
- 양상추 & 로메인 3장(약 20g)
- 새우 튀김 3마리
- 딜 사워크림 2큰술

[기본으로 만들기]

1 새우 튀김은 3~4등분한다.

2 구운 빵에 딜 사워크림을 펴 바른다. 양상추, 로메인을 올린다.

3 새우 튀김을 올린다.
* 기호에 따라 새우 튀김 위에 딜 사워크림을 더 뿌려서 즐겨도 좋아요.

[92쪽 완성 사진처럼 플레이팅 하기]

잡곡빵에 딜 사워크림을 바르고 부드러운 잎채소, 어린잎 채소를 올린 뒤 새우 튀김을 올렸어요. 그 위에 딜 사워크림을 좀 더 뿌리고 딜, 통후추 간 것을 올려 장식했습니다.

× × × × × × ×

새우 튀김
토핑 샐러드

1회분

- 샐러드 채소 1~2줌(약 50g)
- 방울토마토 3~5개
- 새우 튀김 3마리
- 딜 사워크림 4큰술

1 샐러드 채소는 한입 크기로 썬다. 방울토마토는 2등분한다.

2 그릇에 샐러드 채소, 방울토마토, 새우 튀김을 올리고 딜 사워크림을 곁들인다.

새우 갈릭 오일 만능 속재료로 만든 오픈 샌드위치 & 토핑 샐러드

레스토랑의 인기 메뉴 중 하나인 새우 감바스를 응용해서 만든 메뉴예요.
새우의 감칠맛과 올리브유의 풍미가 더해져 레스토랑 메뉴 못지 않답니다.
드레싱으로 활용하고 남은 오일에 빵을 콕콕 찍어 먹어도 좋아요.

새우 갈릭 오일 오픈 샌드위치

새우 갈릭 오일 토핑 샐러드

새우 갈릭 오일

만능 속재료의 재료는 오픈 샌드위치, 토핑 샐러드를 모두 만들 수 있는 넉넉한 분량입니다.
남은 만능 속재료는 냉장 보관 후 활용하세요.

- 냉동 생새우살 12마리
  (약 4~6cm 정도)
- 마늘 8개
- 방울토마토 7개
- 페페론치노 2~4개(기호에 따라 가감)
- 조각 낸 페페론치노 1~3개
  (기호에 따라 가감)
- 올리브유 8큰술
- 소금 약간
- 후춧가루 약간

1 냉동 생새우살은 차가운 물에 담가 해동한다. 물기를 없애고 소금, 후춧가루에 버무려 간한다.

2 마늘은 2등분하고, 방울토마토는 칼집을 낸다.

3 달군 팬에 올리브유를 두르고 센 불에서 1분간 끓인다. 마늘, 페페론치노를 넣고 중약 불에서 골고루 색이 나도록 1분간 튀긴다.

4 방울토마토를 넣고 1분간 더 익힌 후 소금, 후춧가루를 넣는다.

5 생새우살을 넣고 2~3분간 익힌 후 조각 낸 페페론치노를 넣는다.
* 기호에 따라 소금으로 간을 더해요.

새우 갈릭 오일
오픈 샌드위치

1회분

- 구운 빵 1장 * 빵 굽기 13쪽
- 양상추 & 로메인 3장(약 20g)
- 새우 갈릭 오일 5큰술
- 마요네즈 1큰술
- 홀그레인 머스터드 1/2작은술
- 크러시드 레드 페퍼 약간(생략 가능)

[기본으로 만들기]

1 구운 빵에 마요네즈와 홀그레인 머스터드를 바르고 양상추, 로메인을 올린다.

2 새우 갈릭 오일의 건더기만 올린다.
＊ 새우 갈릭 오일의 국물은 샐러드의 드레싱으로 활용해요.

[96쪽 완성 사진처럼 플레이팅 하기]

치아바타에 치커리, 아삭한 잎채소를 올리고 새우 갈릭 오일을 올렸습니다. 크러시드 레드 페퍼, 이탈리안 파슬리를 곁들여 장식했습니다.

× × × × × × ×

새우 갈릭 오일
토핑 샐러드

1회분

- 샐러드 채소 1~2줌(약 50g)
- 새우 갈릭 오일 1/2컵
- 크러시드 레드 페퍼 약간(생략 가능)

1 샐러드 채소는 한입 크기로 썬다.

2 그릇에 샐러드 채소를 담고 새우 갈릭 오일을 올린다.
＊ 기호에 따라 이탈리안 드레싱 (만들기 123쪽)을 곁들여도 좋아요.

칠리 새우 만능 속재료로 만든
오픈 샌드위치 & 토핑 샐러드

달콤새콤 매콤한 맛의 칠리 소스에 탱글탱글한 새우살을 넣어 감칠맛 나게 볶은 칠리 새우입니다.
샌드위치, 샐러드에 올려 먹으면 더욱 먹음직스럽죠.

칠리 새우토핑 샐러드

칠리 새우 오픈 샌드위치

칠리 새우

만능 속재료의 재료는 오픈 샌드위치, 토핑 샐러드를 모두 만들 수 있는 넉넉한 분량입니다.
남은 만능 속재료는 냉장 보관 후 활용하세요.

- 냉동 생새우살 12마리 (약 4~6cm크기)
- 다진 양파 2큰술
- 다진 마늘 1큰술
- 올리브유 2큰술

칠리 소스

- 설탕 1큰술
- 물 3큰술
- 레몬즙 1큰술
- 물엿 3큰술(또는 올리고당)
- 토마토케첩 4큰술
- 고추장 1큰술
- 소금 약간
- 후춧가루 약간

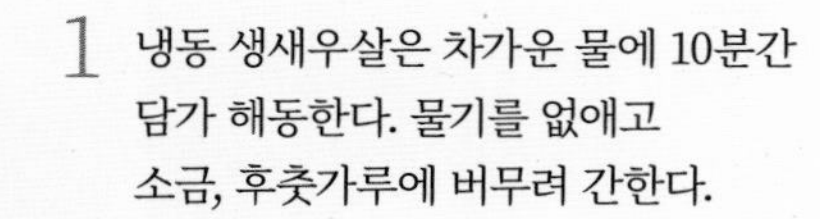

1 냉동 생새우살은 차가운 물에 10분간 담가 해동한다. 물기를 없애고 소금, 후춧가루에 버무려 간한다.

2 달군 팬에 올리브유를 두르고 다진 양파, 다진 마늘을 넣어 중간 불에서 1분간 볶는다.

3 칠리 소스 재료를 모두 넣고 골고루 섞은 후 중간 불에서 30초간 볶는다.

4 다른 팬에 ③의 소스 4큰술, 생새우살을 넣어 중간 불에서 2~3분간 더 볶는다.
* 남은 칠리 소스는 식힌 후 냉장 보관하세요. 닭고기나 돼지고기를 넣고 볶거나 찍어 먹는 소스로 활용하면 좋아요.

칠리 새우
오픈 샌드위치

1회분

- 구운 빵 1장 * 빵 굽기 13쪽
- 칠리 새우 1/2컵
- 양상추 & 로메인 3장(약 50g)
- 마요네즈 1큰술
- 홀그레인 머스터드 1/2작은술
- 다진 파슬리 약간
  (또는 다진 허브, 생략 가능)

[기본으로 만들기]

1 구운 빵에 마요네즈와 홀그레인 머스터드를 바르고 양상추, 로메인을 올린다.

2 칠리 새우 건더기를 올린 후 다진 파슬리를 뿌린다.
* 칠리 새우 국물은 샐러드의 드레싱으로 활용해요.

[101쪽 완성 사진처럼 플레이팅 하기]

베이글에 잎채소를 깔고 칠리 새우를 올렸어요. 다진 파슬리와 통후추 간 것으로 장식했습니다.

× × × × × × ×

칠리 새우
토핑 샐러드

1회분

- 샐러드 채소 1~2줌(약 50g)
- 방울토마토 3~5개
- 칠리 새우 2/3컵
- 다진 파슬리 약간
  (또는 다진 허브, 생략 가능)

1 샐러드 채소는 한입 크기로 썬다. 방울토마토는 2등분한다.

2 그릇에 샐러드 채소, 방울토마토를 담고 칠리 새우를 올린 후 다진 파슬리를 뿌린다.
* 기호에 따라 이탈리안 드레싱(만들기 123쪽)을 곁들여도 좋아요.

닭고기 큐브 오픈 샌드위치

닭고기 큐브 만능 속재료로 만든
오픈 샌드위치 & 토핑 샐러드

닭고기 큐브 토핑 샐러드

담백한 닭가슴살을 부드러운 소스에 버무린 만능 속재료랍니다.
닭가슴살은 취향에 따라 한입 크기로 썰어도 좋고, 결대로 찢어서 만들어도 좋아요.

닭고기 큐브

만능 속재료의 재료는 오픈 샌드위치, 토핑 샐러드를 모두 만들 수 있는 넉넉한 분량입니다.
남은 만능 속재료는 냉장 보관 후 활용하세요.

- 닭가슴살 약 1쪽(150g)
- 월계수잎 1장
- 통후추 1작은술

양념

- 떠먹는 플레인 요커트 2큰술
- 마요네즈 2큰술
- 파마산 치즈 가루 1작은술
- 레몬즙 1작은술
- 홀그레인 머스터드 1작은술
- 올리고당 1작은술
- 후춧가루 약간

1 냄비에 물(3컵), 월계수잎, 통후추를 넣고 끓어오르면 닭가슴살을 넣고 중간 불에서 15분간 삶는다.

2 삶은 닭가슴살은 한김 식힌 후 한입 크기로 깍둑 썬다.
＊ 결대로 잘게 찢어도 좋아요.

3 볼에 양념 재료를 넣어 섞은 후 닭가슴살을 넣고 골고루 버무린다.

닭고기 큐브
오픈 샌드위치

1회분

- 구운 빵 1장 * 빵 굽기 13쪽
- 양상추 & 로메인 3장(약 20g)
- 닭고기 큐브 2/3컵
- 마요네즈 1큰술
- 홀그레인 머스터드 1/2작은술
- 다진 파슬리 약간
  (또는 다진 허브, 생략 가능)

[기본으로 만들기]

1 구운 빵에 마요네즈와 홀그레인 머스터드를 바르고 양상추, 로메인을 올린다.

2 닭고기 큐브를 올린 후 다진 파슬리를 뿌린다.

[104쪽 완성 사진처럼 플레이팅 하기]

부드러운 식빵에 어린 루콜라를 올리고 적양파를 얇게 슬라이스해서 올렸어요. 그 위에 닭고기 큐브를 골고루 올린 후 다진 파슬리와 통후추 간 것, 핑크 후추를 뿌려 장식했어요.

× × × × × × ×

닭고기 큐브
토핑 샐러드

1회분

- 샐러드 채소 1~2줌(약 50g)
- 방울토마토 3~5개
- 닭고기 큐브 2/3컵
- 다진 파슬리 약간(또는 다진 허브, 생략 가능)

오리엔탈 드레싱

- 설탕 1큰술
- 통깨 1/2큰술
- 양조간장 1큰술
- 식초 1큰술
- 레몬즙 1/2큰술
- 물 2큰술
- 올리브유 1큰술
- 참기름 1/2작은술
- 후춧가루 약간

1 샐러드 채소는 한입 크기로 썬다. 방울토마토는 2등분한다.

2 볼에 오리엔탈 드레싱 재료를 모두 넣어 섞는다.
＊ 드레싱의 양이 넉넉하니 냉장 보관한 후 활용하세요.

3 그릇에 샐러드 채소, 방울토마토, 닭고기 큐브를 올린 후 다진 파슬리, 오리엔탈 드레싱을 곁들인다.
＊ 기호에 따라 산딸기나 딸기, 블루베리 등을 곁들여도 좋아요.

바질 닭고기 만능 속재료로 만든
오픈 샌드위치 & 토핑 샐러드

향긋한 바질이 부드러운 닭가슴살과 만나 더 맛있어진 바질 닭고기입니다.
홈메이드 바질 페스토로 건강하게 즐겨보세요.

바질 닭고기 오픈 샌드위치

바질 닭고기 토핑 샐러드

바질 닭고기

만능 속재료의 재료는 오픈 샌드위치, 토핑 샐러드를 모두 만들 수 있는 넉넉한 분량입니다.
남은 만능 속재료는 냉장 보관 후 활용하세요.

- 닭가슴살 약 1쪽(150g)
- 월계수잎 1장
- 통후추 1작은술
- 올리브유 1큰술
- 다진 양파 1작은술
- 다진 마늘 1작은술
- 바질 페스토 1큰술
  * 홈메이드로 만들기 17쪽
- 소금 약간
- 후춧가루 약간

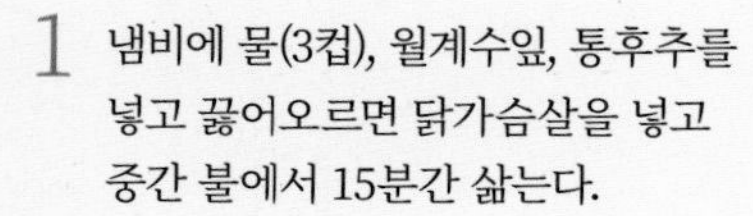

1 냄비에 물(3컵), 월계수잎, 통후추를 넣고 끓어오르면 닭가슴살을 넣고 중간 불에서 15분간 삶는다.

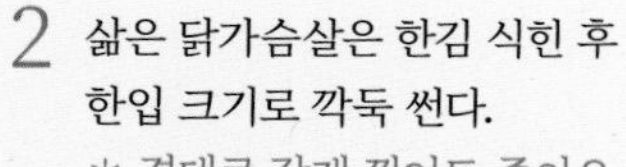

2 삶은 닭가슴살은 한김 식힌 후 한입 크기로 깍둑 썬다.

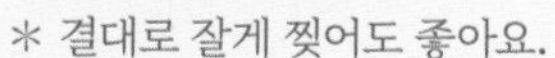

* 결대로 잘게 찢어도 좋아요.

3 달군 팬에 올리브유, 다진 양파, 다진 마늘을 넣어 센 불에서 30초간 볶는다.

4 닭가슴살, 바질 페스토, 소금, 후춧가루를 넣고 1분간 더 볶는다.

바질 닭고기 오픈 샌드위치

1회분

- 구운 빵 1장 * 빵 굽기 13쪽
- 바질 닭고기 2/3컵
- 양상추 & 로메인 3장(약 50g)
- 마요네즈 1큰술
- 홀그레인 머스터드 1/2작은술
- 바질잎 약간(생략 가능)

[기본으로 만들기]

1 구운 빵에 마요네즈와 홀그레인 머스터드를 바르고 양상추, 로메인을 올린다.

2 바질 닭고기를 올린 후 바질잎으로 장식한다.

[108쪽 완성 사진처럼 플레이팅 하기]

호밀빵에 부드러운 잎채소, 토마토 슬라이스를 올린 후 바질 닭고기와 바질잎, 다진 견과류를 올렸어요. 기호에 따라 방울토마토를 2~4등분해서 올려도 좋아요.

× × × × × × ×

바질 닭고기 토핑 샐러드

1회분

- 샐러드 채소 1~2줌(약 50g)
- 방울토마토 3~5개
- 바질 닭고기 2/3컵
- 바질잎 약간(생략 가능)

오리엔탈 드레싱

- 설탕 1큰술
- 통깨 1/2큰술
- 양조간장 1큰술
- 식초 1큰술
- 레몬즙 1/2큰술
- 물 2큰술
- 올리브유 1큰술
- 참기름 1/2작은술
- 후춧가루 약간

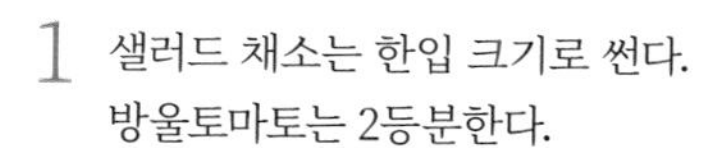

1 샐러드 채소는 한입 크기로 썬다. 방울토마토는 2등분한다.

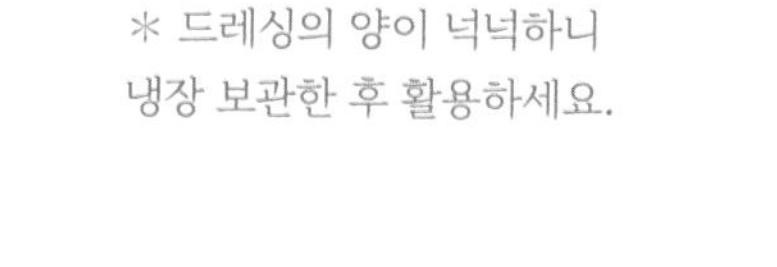

2 작은 볼에 오리엔탈 드레싱 재료를 모두 넣어 골고루 섞는다.
* 드레싱의 양이 넉넉하니 냉장 보관한 후 활용하세요.

3 그릇에 샐러드 채소, 방울토마토, 바질 닭고기를 올리고 오리엔탈 드레싱, 바질잎을 곁들인다.

칠리 닭고기 오픈 샌드위치

칠리 닭고기 토핑 샐러드

칠리 닭고기 만능 속재료로 만든
오픈 샌드위치 & 토핑 샐러드

새콤달콤한 맛의 누구나 좋아하는 칠리 닭고기!
입에 쫙 붙는 맛을 느끼고 싶을 때 추천해요. 맛있는 다이어트 메뉴로도 제격이에요.

칠리 닭고기

만능 속재료의 재료는 오픈 샌드위치, 토핑 샐러드를 모두 만들 수 있는 넉넉한 분량입니다.
남은 만능 속재료는 냉장 보관 후 활용하세요.

- 닭가슴살 약 1쪽(150g)
- 월계수잎 1장
- 통후추 1작은술
- 올리브유 2큰술
- 다진 양파 2큰술
- 다진 마늘 1큰술

칠리 소스
- 설탕 1큰술
- 물엿 3큰술
- 물 3큰술
- 레몬즙 1큰술
- 토마토케첩 4큰술
- 고추장 1큰술
- 소금 약간
- 후춧가루 약간

1 냄비에 물(3컵), 월계수잎, 통후추를 넣고 끓어오르면 닭가슴살을 넣고 중간 불에서 15분간 삶는다.

2 삶은 닭가슴살은 한김 식힌 후 한입 크기로 깍둑 썬다.
* 결대로 잘게 찢어도 좋아요.

3 달군 팬에 올리브유를 두르고 다진 양파, 다진 마늘을 넣고 센 불에서 30초간 익힌다.

4 칠리 소스 재료를 모두 넣고 골고루 섞은 후 중간 불에서 30초간 볶는다.

5 다른 팬에 ④의 소스 4큰술, 닭가슴살을 넣어 중간 불에서 1분간 더 볶는다.
* 남은 칠리 소스는 식힌 후 냉장 보관하세요. 생새우살이나 돼지고기를 넣고 볶거나 찍어 먹는 소스로 활용하면 좋아요.

칠리 닭고기
오픈 샌드위치

1회분

- 구운 빵 1장 * 빵 굽기 13쪽
- 칠리 닭고기 2/3컵
- 양상추 & 로메인 3장(약 50g)
- 마요네즈 1큰술
- 홀그레인 머스터드 1/2작은술
- 다진 파슬리 약간
  (또는 다진 허브, 생략 가능)

[기본으로 만들기]

1 구운 빵에 마요네즈와 홀그레인 머스터드를 바르고 양상추, 로메인을 올린다.

2 칠리 닭고기를 올린 후 다진 파슬리를 뿌린다.
 * 칠리 닭고기는 건더기 위주로 올리세요.

[112쪽 완성 사진처럼 플레이팅 하기]
베이글을 2등분한 후 케일을 올리고 칠리 닭고기를 올렸어요. 그 위에 다진 파슬리, 통후추 간 것으로 장식하고 얇게 채 썬 양파를 올려도 잘 어울려요.

× × × × × × ×

칠리 닭고기
토핑 샐러드

1회분

- 샐러드 채소 1~2줌(약 50g)
- 방울토마토 3~5개
- 칠리 닭고기 2/3컵
- 크러시드 레드 페퍼 약간(생략 가능)

오리엔탈 드레싱

- 설탕 1큰술
- 통깨 1/2큰술
- 양조간장 1큰술
- 식초 1큰술
- 레몬즙 1/2큰술
- 물 2큰술
- 올리브유 1큰술
- 참기름 1/2작은술
- 후춧가루 약간

1 샐러드 채소는 한입 크기로 썬다. 방울토마토는 2등분한다.

2 볼에 오리엔탈 드레싱 재료를 넣어 골고루 섞는다.
 * 드레싱의 양이 넉넉하니 냉장 보관한 후 활용하세요.

3 그릇에 샐러드 채소, 방울토마토, 칠리 닭고기를 담고 오리엔탈 드레싱, 크러시드 레드 페퍼를 곁들인다.

데리야키 닭고기 만능 속재료로 만든 오픈 샌드위치 & 토핑 샐러드

데리야키 닭고기 오픈 샌드위치

데리야키 닭고기 토핑 샐러드

익숙한 맛있는 맛, 바로 데리야키 닭고기입니다. 달짝지근한 풍미로 식욕을 돋운답니다.
아이들은 물론 어른들도 참 좋아하는 메뉴예요.

데리야키 닭고기

만능 속재료의 재료는 오픈 샌드위치, 토핑 샐러드를 모두 만들 수 있는 넉넉한 분량입니다.
남은 만능 속재료는 냉장 보관 후 활용하세요.

- 닭가슴살 약 1쪽(150g)
- 월계수잎 1장
- 통후추 1작은술
- 올리브유 2큰술
- 다진 양파 3큰술
- 다진 마늘 1큰술

양념

- 데리야키 소스 3큰술
- 양조간장 1큰술
- 물 2큰술
- 올리고당 2큰술
- 참기름 1큰술
- 소금 약간
- 후춧가루약간

1 냄비에 물(3컵), 월계수잎, 통후추를 넣고 끓어오르면 닭가슴살을 넣고 중간 불에서 15분간 삶는다.

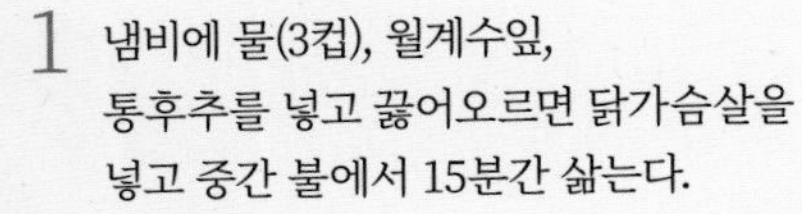

2 삶은 닭가슴살은 한김 식힌 후 한입 크기로 깍둑 썬다.
* 결대로 잘게 찢어도 좋아요.

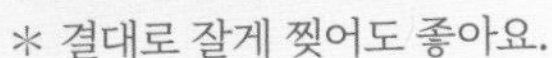

3 달군 팬에 올리브유를 두르고 다진 양파, 다진 마늘을 넣고 센 불에서 30초간 익힌다.

4 양념 재료를 모두 넣고 섞어 중간 불에서 30초간 끓인다.

5 다른 팬에 ④의 소스 3큰술, 닭가슴살을 넣고 중간 불에서 1분간 더 볶는다.

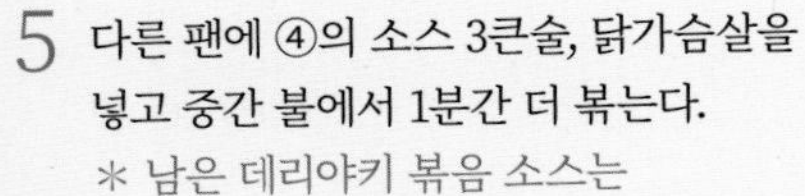

* 남은 데리야키 볶음 소스는 식힌 후 냉장 보관해요. 돼지고기나 쇠고기 볶음에 활용하면 좋아요.

tip 데리야키 소스가 없다면

작은 냄비에 양조간장 2큰술, 설탕 2큰술, 청주 2큰술을 넣어 중간 불에서 3~5분간 졸여서 만드세요.

데리야키 닭고기
오픈 샌드위치

1회분

- 구운 빵 1장 * 빵 굽기 13쪽
- 데리야키 닭고기 2/3컵
- 양상추 & 로메인 3장(약 50g)
- 마요네즈 1큰술
- 홀그레인 머스터드 1/2작은술
- 통깨 약간(또는 검은깨, 생략 가능)

[기본으로 만들기]

1 구운 빵에 마요네즈와 홀그레인 머스터드를 바르고 양상추, 로메인을 올린다.

2 데리야키 닭고기를 올린 후 통깨를 뿌린다.

[116쪽 완성 사진처럼 플레이팅 하기]

잡곡빵에 로메인을 올리고 얇게 슬라이스한 양파를 올린 후 데리야키 닭고기를 올렸어요. 그 위에 통깨와 검은깨를 뿌려 장식했습니다.

× × × × × × ×

데리야키 닭고기
토핑 샐러드

1회분

- 샐러드 채소 1~2줌(약 50g)
- 방울토마토 3~5개
- 데리야키 닭고기 1/2컵
- 통깨 약간(또는 검은깨, 생략 가능)

오리엔탈 드레싱

- 설탕 1큰술
- 통깨 1/2큰술
- 양조간장 1큰술
- 식초 1큰술
- 레몬즙 1/2큰술
- 물 2큰술
- 올리브유 1큰술
- 참기름 1/2작은술
- 후춧가루 약간

1 샐러드 채소는 한입 크기로 썬다. 방울토마토는 2등분한다.

2 작은 볼에 오리엔탈 드레싱 재료를 넣어 골고루 섞는다.
＊ 드레싱의 양이 넉넉하니 냉장 보관한 후 활용하세요.

3 그릇에 샐러드 채소, 방울토마토, 데리야키 닭고기를 담은 후 오리엔탈 드레싱, 통깨를 뿌린다.

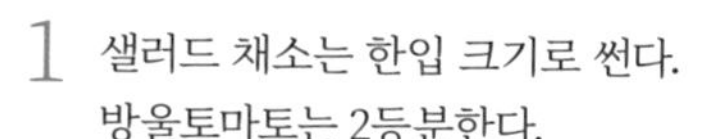

라구 오픈 샌드위치

라구 만능 속재료로 만든

오픈 샌드위치 & 토핑 샐러드

라구 토핑 샐러드

라구(ragout)는 토마토의 상큼함과 쇠고기의 감칠맛을 더해 만든 고기 소스예요.
파스타에 주로 활용하지만, 샌드위치나 샐러드 토핑으로 곁들여도 잘 어울린답니다.
기호에 따라 가지, 파프리카, 애호박 등 다양한 채소를 추가해서 만들어도 좋아요.

라구

만능 속재료의 재료는 오픈 샌드위치, 토핑 샐러드를 모두 만들 수 있는 넉넉한 분량입니다.
남은 만능 속재료는 냉장 보관 후 활용하세요.

- 다진 쇠고기 100g
- 토마토 큰 것 1개(200g)
- 홀토마토캔 250g
- 셀러리 15cm
- 다진 양파 3큰술 + 8큰술
- 다진 마늘 1작은술 + 1작은술
- 올리브유 2큰술
- 버터 1큰술(10g)
- 월계수잎 1장
- 다진 바질 1작은술(또는 바질 가루)
- 소금 약간
- 후춧가루 약간

1 양파, 셀러리, 토마토는 잘게 다진다.

2 달군 팬에 올리브유, 다진 양파(3큰술), 다진 마늘(1작은술)을 넣고 양파가 투명해질 때까지 센 불에서 30초간 볶는다.

3 버터와 쇠고기를 넣고 고기가 익을 때까지 중간 불에서 약 3분간 볶는다.

4 나머지 재료를 모두 넣고 홀토마토를 중간중간 으깨가며 약한 불에서 30분간 끓인다.

5 월계수잎을 빼고 한김 식힌다.

라구
오픈 샌드위치

1회분

- 구운 빵 1장 * 빵 굽기 13쪽
- 양상추 & 로메인 3장(약 20g)
- 라구 4큰술
- 마요네즈 1큰술
- 홀그레인 머스터드 1/2작은술
- 그라나 파다노 치즈 간 것 약간

[기본으로 만들기]

1 구운 빵에 마요네즈와 홀그레인 머스터드를 바르고 양상추, 로메인을 올린다.

2 라구를 올린 후 그라나 파다노 치즈 간 것을 뿌린다.

[120쪽 완성 사진처럼 플레이팅 하기]

통밀빵에 로메인을 올린 후 라구를 펼쳐 올려요. 그라나 파다노 치즈 간 것을 듬뿍 올려 장식했어요.

× × × × × × ×

라구
토핑 샐러드

1회분

- 샐러드 채소 1~2줌(약 50g)
- 라구 4큰술
- 그라나 파다노 치즈 간 것 약간

이탈리안 드레싱

- 설탕 2큰술
- 화이트와인 식초 3큰술(또는 식초)
- 올리브유 3큰술
- 다진 바질 1작은술(또는 바질 가루)
- 다진 마늘 1작은술
- 다진 양파 1작은술
- 레몬즙 약간
- 후춧가루 약간

1 샐러드 채소는 한입 크기로 썬다.

2 볼에 이탈리안 드레싱 재료를 모두 넣어 골고루 섞는다.
* 드레싱의 양이 넉넉하니 냉장 보관한 후 활용하세요.

3 그릇에 샐러드 채소를 담고 라구를 올린다. 이탈리안 드레싱을 뿌리고 그라나 파다노 치즈 간 것을 뿌린다.
* 기호에 따라 블랙 올리브를 곁들여도 잘 어울려요.

크림 라구 토핑 샐러드

크림 라구 만능 속재료로 만든
오픈 샌드위치 & 토핑 샐러드

토마토 대신 버섯과 생크림으로 맛을 더한 크림 라구입니다.
쇠고기의 부드러운 맛을 제대로 느낄 수 있지요. 치즈를 더 넣어 더욱 진한 소스로 만들어도 좋아요.

크림 라구 오픈 샌드위치

크림 라구

만능 속재료의 재료는 오픈 샌드위치, 토핑 샐러드를 모두 만들 수 있는 넉넉한 분량입니다.
남은 만능 속재료는 냉장 보관 후 활용하세요.

- 다진 쇠고기 100g
- 모듬 버섯 100g
- 셀러리 15cm
- 다진 양파 3큰술 + 8큰술
- 다진 마늘 1작은술 + 1작은술
- 올리브유 2큰술
- 버터 1큰술(10g)
- 우유 2큰술
- 생크림 4큰술
- 다진 바질 1작은술(또는 바질 가루)
- 소금 약간
- 후춧가루 약간
- 그라나 파다노 치즈 간 것 1작은술

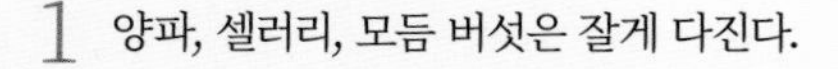

1 양파, 셀러리, 모듬 버섯은 잘게 다진다.

2 달군 팬에 올리브유, 다진 양파(3큰술), 다진 마늘(1작은술)을 넣고 양파가 투명해질 때까지 센 불에서 30초간 볶는다.

3 버터와 쇠고기를 넣고 중간 불에서 3분간 볶는다. 버섯을 넣고 3분 더 볶는다.

4 우유, 생크림, 다진 바질을 넣고 3분 더 익힌 후 소금, 후춧가루, 그라나 파다노 치즈를 넣는다.

크림 라구
오픈 샌드위치

1회분

- 구운 빵 1장 * 빵 굽기 13쪽
- 양상추 & 로메인 3장(약 20g)
- 크림 라구 4큰술
- 마요네즈 1큰술
- 홀그레인 머스터드 1/2작은술
- 다진 파슬리 약간
  (또는 다진 허브, 생략 가능)

[기본으로 만들기]

1 구운 빵에 마요네즈와
홀그레인 머스터드를 바르고
양상추, 로메인을 올린다.

2 크림 라구를 올린 후
다진 파슬리를 뿌린다.

[125쪽 완성 사진처럼 플레이팅 하기]

통밀 식빵에 부드러운 잎채소를
올리고 얇게 슬라이스한
적양파를 올린 후 크림 라구를
펼쳐 올렸어요. 다진 파슬리를
뿌려 장식했습니다.

× × × × × × ×

크림 라구
토핑 샐러드

1회분

- 샐러드 채소 1~2줌(약 50g)
- 방울토마토 3~5개
- 크림 라구 4큰술
- 다진 파슬리 약간
  (또는 다진 허브, 생략 가능)

이탈리안 드레싱

- 설탕 2큰술
- 화이트와인 식초 3큰술(또는 식초)
- 올리브유 3큰술
- 다진 바질 1작은술(또는 바질 가루)
- 다진 마늘 1작은술
- 다진 양파 1작은술
- 레몬즙 약간
- 후춧가루 약간

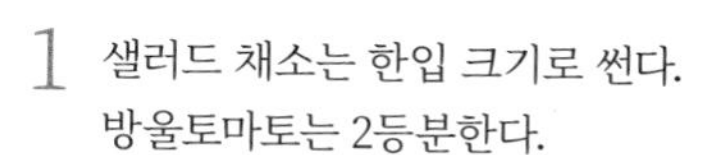

1 샐러드 채소는 한입 크기로 썬다.
방울토마토는 2등분한다.

2 볼에 이탈리안 드레싱 재료를
모두 넣어 골고루 섞는다.
* 드레싱의 양이 넉넉하니
냉장 보관한 후 활용하세요.

3 그릇에 샐러드 채소, 방울토마토,
크림 라구를 담은 후
이탈리안 드레싱, 다진 파슬리를 뿌린다.

할라피뇨 라구 오픈 샌드위치

할라피뇨 라구 만능 속재료로 만든 오픈 샌드위치 & 토핑 샐러드

할라피뇨 라구 토핑 샐러드

매운맛을 좋아하는 분들을 위해 개발했어요. 새콤하고 매콤한 할라피뇨 피클을 듬뿍 넣어 만들었답니다.
알싸한 할라피뇨의 맛이 고기의 느끼함도 잡아주지요.

할라피뇨 라구

만능 속재료의 재료는 오픈 샌드위치, 토핑 샐러드를 모두 만들 수 있는 넉넉한 분량입니다.
남은 만능 속재료는 냉장 보관 후 활용하세요.

- 다진 쇠고기 100g
- 토마토 큰 것 1개(200g)
- 홀토마토 캔 1과 1/4컵(250g)
- 할라피뇨 다진 것 3큰술
- 셀러리 3큰술
- 다진 양파 3큰술 + 8큰술
- 다진 마늘 1작은술 + 1작은술
- 올리브유 2큰술
- 버터 1큰술(10g)
- 설탕 1작은술
- 월계수잎 1장
- 다진 바질 1작은술(또는 바질 가루)
- 소금 약간
- 후춧가루 약간

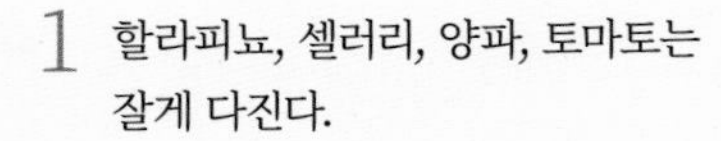

1 할라피뇨, 셀러리, 양파, 토마토는 잘게 다진다.

2 달군 팬에 올리브유, 다진 양파(3큰술), 다진 마늘(1작은술)을 넣고 양파가 투명해질 때까지 센 불에서 30초간 익힌다.

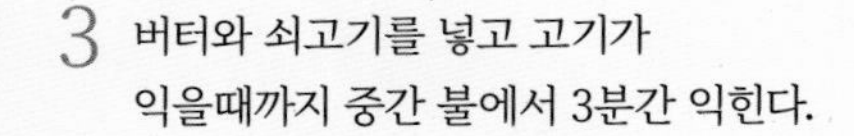

3 버터와 쇠고기를 넣고 고기가 익을때까지 중간 불에서 3분간 익힌다.

4 나머지 재료를 모두 넣고 홀토마토를 중간중간 으깨가며 약한 불에서 30분간 끓인다.

5 월계수잎을 빼고 한김 식힌다.

할라피뇨 라구
오픈 샌드위치

1회분

- 구운 빵 1장 * 빵 굽기 13쪽
- 양상추 & 로메인 3장(약 20g)
- 할라피뇨 라구 4큰술
- 할라피뇨 슬라이스 약간(생략 가능)
- 그라나 파다노 치즈 간 것 약간 (생략 가능)
- 마요네즈 1큰술
- 홀그레인 머스터드 1/2작은술

[기본으로 만들기]

1 구운 빵에 마요네즈와 홀그레인 머스터드를 바르고 양상추, 로메인을 올린다.

2 할라피뇨 라구를 올린 후 그라나 파다노 치즈 간 것, 할라피뇨를 곁들인다.

[128쪽 완성 사진처럼 플레이팅 하기]

통밀 식빵에 부드러운 잎채소를 올리고 할라피뇨 라구를 올린 후 할라피뇨 슬라이스, 그라나 파다노 치즈 간 것을 뿌려 장식했습니다.

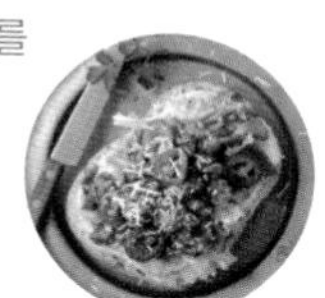

× × × × × × ×

할라피뇨 라구
토핑 샐러드

1회분

- 샐러드 채소 1~2줌(약 50g)
- 할라피뇨 라구 4큰술
- 할라피뇨 슬라이스 약간
- 그라나 파다노 치즈 간 것 약간

이탈리안 드레싱

- 설탕 2큰술
- 화이트와인 식초 3큰술(또는 식초)
- 올리브유 3큰술
- 다진 바질 1작은술(또는 바질 가루)
- 다진 마늘 1작은술
- 다진 양파 1작은술
- 레몬즙 약간
- 후춧가루 약간

1 샐러드 채소는 한입 크기로 썬다.

2 볼에 이탈리안 드레싱 재료를 모두 넣어 골고루 섞는다.
* 드레싱의 양이 넉넉하니 냉장 보관한 후 활용하세요.

3 그릇에 샐러드 채소, 할라피뇨 라구, 할라피뇨 슬라이스를 담고 이탈리안 드레싱, 그라나 파다노 치즈 간 것을 곁들인다.
* 익힌 숏파스타를 곁들이면 더욱 든든하게 즐길 수 있어요.

버섯볶음 오픈 샌드위치

버섯볶음 만능 속재료로 만든

오픈 샌드위치 & 토핑 샐러드

버섯볶음 토핑 샐러드

다양한 버섯을 듬뿍 먹을 수 있는 메뉴랍니다. 마늘 향 가득 입힌 볶은 버섯에
신선한 파슬리잎을 넣고 버무려 식감과 맛을 업그레이드했습니다.

버섯볶음

만능 속재료의 재료는 오픈 샌드위치, 토핑 샐러드를 모두 만들 수 있는 넉넉한 분량입니다.
남은 만능 속재료는 냉장 보관 후 활용하세요.

- 모둠 버섯(느타리버섯, 표고버섯, 양송이버섯, 미니 새송이버섯 등) 100g
- 올리브유 2큰술
- 다진 양파 1작은술
- 다진 마늘 1작은술
- 다진 파슬리 1작은술
- 화이트와인 1작은술
- 레몬즙 1작은술
- 소금 약간
- 후춧가루 약간

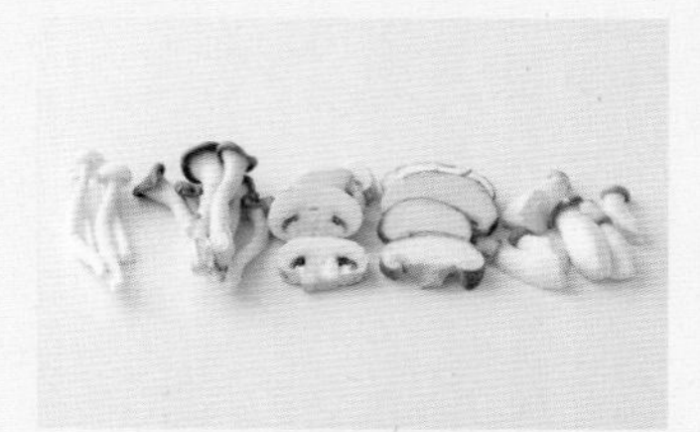

1 버섯의 지저분한 밑동을 제거하고 가닥가닥 뜯거나 한입 크기로 썬다.

2 달군 팬에 올리브유, 다진 양파, 다진 마늘을 넣고 센 불에서 약 30초간 볶는다.

3 버섯을 넣고 센 불에서 3분간 더 볶는다.

4 다진 파슬리, 화이트와인, 레몬즙, 소금, 후춧가루를 넣고 1분간 더 볶는다.

버섯볶음
오픈 샌드위치

1회분

- 구운 빵 1장 * 빵 굽기 13쪽
- 양상추 & 로메인 3장(약 50g)
- 버섯볶음 5큰술
- 마요네즈 1큰술
- 홀그레인 머스터드 1/2작은술
- 다진 파슬리 약간
  (또는 다진 허브, 생략 가능)

[기본으로 만들기]

1 구운 빵에 마요네즈와
홀그레인 머스터드를 바르고
양상추와 로메인을 올린다.

2 버섯볶음을 올리고
다진 파슬리를 뿌린다.

[132쪽 완성 사진처럼 플레이팅 하기]

호밀빵에 치커리를 깔고
버섯볶음을 올렸어요.
이탈리안 파슬리를 다져서
올리고 곁들여서 장식했어요.

× × × × × × ×

버섯볶음
토핑 샐러드

1회분

- 샐러드 채소 1~2줌(약 50g)
- 방울토마토 3~5개
- 버섯볶음 5큰술
- 다진 파슬리 약간
  (또는 다진 허브, 생략 가능)

1 샐러드 채소는 한입 크기로 썰고,
방울토마토는 2등분한다.

2 그릇에 샐러드 채소, 방울토마토,
버섯볶음을 올리고 다진 파슬리를 뿌린다.
* 샐러드가 조금 심심하게
느껴진다면 기호에 따라
라임 드레싱(만들기 143쪽)이나
레몬 간장 드레싱(만들기 63쪽)을 곁들여
상큼하게 즐겨도 좋아요.

버섯볶음 & 참깨 소스 만능 속재료로 만든
오픈 샌드위치 & 토핑 샐러드

고소한 참깨 소스와 쫄깃한 버섯의 조화로운 맛! 참깨 소스는 샌드위치에는 스프레드로, 샐러드에는 드레싱으로 활용해보세요. 금세 두 가지 메뉴가 뚝딱 완성된답니다.

버섯볶음 & 참깨 소스 오픈 샌드위치

버섯볶음 & 참깨 소스 토핑샐러드

버섯볶음 & 참깨 소스

만능 속재료의 재료는 오픈 샌드위치, 토핑 샐러드를 모두 만들 수 있는 넉넉한 분량입니다.
남은 만능 속재료는 냉장 보관 후 활용하세요.

- 모듬 버섯(느타리버섯, 표고버섯, 양송이버섯, 미니 새송이버섯 등) 100g
- 올리브유 2큰술
- 다진 양파 1작은술
- 다진 마늘 1작은술
- 소금 약간
- 후춧가루 약간

참깨 소스
- 통깨 4큰술
- 마요네즈 2큰술
- 꿀 1큰술
- 레몬즙 1큰술
- 올리브유 3큰술
- 물 1작은술
- 떠먹는 플레인 요거트 1작은술
- 소금 약간

[버섯 볶기]

1 버섯의 지저분한 밑둥을 제거하고 가닥가닥 뜯거나 한입 크기로 썬다.

2 달군 팬에 올리브유, 다진 양파, 다진 마늘을 넣고 센 불에서 약 30초간 볶는다.

3 버섯을 넣어 센 불에서 3분간 더 볶은 후 소금, 후춧가루를 넣어 간한다.

[참깨 소스 만들기]

4 푸드프로세서에 참깨 소스 재료를 모두 넣어 곱게 간다.

버섯볶음 & 참깨 소스
오픈 샌드위치

1회분

- 구운 빵 1장 * 빵 굽기 13쪽
- 양상추 & 로메인 3장(약 50g)
- 참깨 버섯볶음 5큰술
- 참깨 소스 1큰술
- 통깨 약간(생략 가능)

[기본으로 만들기]

1 구운 빵에 참깨 소스를 바르고 양상추, 로메인을 올린다.

2 버섯볶음을 올리고 통깨를 뿌린다.
＊ 기호에 따라 참깨 소스를 더 뿌려서 즐겨도 좋아요.

[136쪽 완성 사진처럼 플레이팅 하기]

통밀 식빵을 2등분한 후 부드러운 잎채소를 올리고 버섯볶음을 올린 후 통깨를 뿌려 장식했어요.

× × × × × × ×

버섯볶음 & 참깨 소스
토핑 샐러드

1회분

- 샐러드 채소 1~2줌(약 50g)
- 방울토마토 3~5개
- 버섯볶음 5큰술
- 참깨 소스 3~4큰술
- 통깨 약간(생략 가능)

1 샐러드 채소는 한입 크기로 썬다. 방울토마토는 2등분한다.

2 그릇에 샐러드 채소, 방울토마토, 버섯볶음을 올리고 참깨 소스, 통깨를 뿌린다.

베이컨 버섯볶음 만능 속재료로 만든
오픈 샌드위치 & 토핑 샐러드

베이컨 버섯볶음 오픈 샌드위치

베이컨 버섯볶음 토핑 샐러드

짭조름한 베이컨을 건강한 버섯과 함께 볶아 만들었어요.
베이컨 버섯볶음을 올린 샌드위치는 따뜻하게 먹을 때 더욱 맛있답니다.

베이컨 버섯볶음

만능 속재료의 재료는 오픈 샌드위치, 토핑 샐러드를 모두 만들 수 있는 넉넉한 분량입니다.
남은 만능 속재료는 냉장 보관 후 활용하세요.

- 모듬 버섯
  (느타리버섯, 표고버섯, 양송이버섯,
  미니 새송이버섯 등) 80g
- 베이컨 3줄
- 올리브유 2큰술
- 다진 양파 1큰술
- 다진 마늘 1작은술
- 소금 약간
- 후춧가루 약간

1 버섯의 지저분한 밑동을 제거하고 가닥가닥 뜯거나 한입 크기로 썬다.

2 달군 팬에 올리브유, 다진 마늘, 다진 양파를 넣고 센 불에서 약 30초간 볶는다.

3 버섯을 넣어 센 불에서 3분간 더 볶은 후 소금, 후춧가루를 넣어 간한다.

4 다른 팬을 달궈 베이컨을 올려 센 불에서 뒤집어가며 1분간 굽는다.

5 키친타월에 베이컨을 올려 기름기를 제거하고 잘게 다진다.

6 ③에 다진 베이컨을 넣어 버무린다.

베이컨 버섯볶음
오픈 샌드위치

1회분

- 구운 빵 1장 * 빵 굽기 13쪽
- 양상추 & 로메인 3장(약 20g)
- 베이컨 버섯볶음 5큰술
- 마요네즈 1큰술
- 홀그레인 머스터드 1/2작은술
- 크러시드 레드 페퍼 약간(생략 가능)

[기본으로 만들기]

1 구운 빵에 마요네즈와 홀그레인 머스터드를 바르고 양상추와 로메인을 올린다.

2 베이컨 버섯볶음을 올린 후 크러시드 레드 페퍼를 뿌린다.

[140쪽 완성 사진처럼 플레이팅 하기]

미니 먹물 식빵 3조각에 부드러운 잎채소를 깔고 베이컨 버섯볶음을 올렸어요. 크러시드 레드 페퍼를 더해 색감과 매운맛을 냈습니다.

× × × × × × ×

베이컨 버섯볶음
토핑 샐러드

1회분

- 샐러드 채소 1~2줌(약 50g)
- 방울토마토 3~5개
- 베이컨 버섯볶음 5큰술
- 크러시드 레드 페퍼 약간(생략 가능)

라임 드레싱

- 라임즙 5큰술(또는 레몬즙)
- 꿀 1/2큰술
- 올리브유 2큰술
- 소금 약간
- 후춧가루 약간

1 샐러드 채소는 한입 크기로 썬다. 방울토마토는 2등분한다.

2 볼에 라임 드레싱 재료를 넣어 골고루 섞는다.
* 드레싱의 양이 넉넉하니 냉장 보관한 후 활용하세요.

3 그릇에 샐러드 채소, 방울토마토, 베이컨 버섯볶음을 올린 후 라임 드레싱, 크러시드 레드 페퍼를 뿌린다.
* 기호에 따라 블랙 올리브를 곁들여도 잘 어울려요.

방울토마토절임 만능 속재료로 만든
오픈 샌드위치 & 토핑 샐러드

상큼한 방울토마토를 설탕에 절여
달콤함을 더했습니다. 구운 빵이나 샐러드에
올린 후 그라나 파다노 치즈를 뿌리면
고급스러운 맛을 느낄 수 있어요.
남은 국물은 샐러드 드레싱으로
활용하면 좋아요.

방울토마토절임 오픈 샌드위치

방울토마토절임 토핑 샐러드

방울토마토절임

만능 속재료의 재료는 오픈 샌드위치, 토핑 샐러드를 모두 만들 수 있는 넉넉한 분량입니다.
남은 만능 속재료는 냉장 보관 후 활용하세요.

- 방울토마토 15개
- 설탕 1큰술

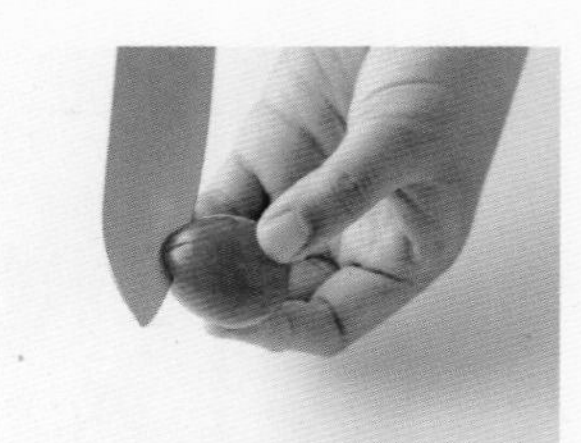

1 방울토마토의 꼭지를 떼고 반대쪽에 열십자(+)로 칼집을 낸다.

2 끓는 물(3컵)에 방울토마토를 넣은 후 2~3분간 끓인다.

3 차가운 물에 방울토마토를 넣어 껍질을 벗긴다.

4 볼에 껍질 벗긴 방울토마토, 설탕을 넣어 버무린다. 설탕이 녹을 때까지 약 30분간 실온에 둔다.

5 설탕이 다 녹으면 밀폐용기에 담아 냉장실에 넣어 하루 정도 숙성시킨 후 사용한다.

방울토마토절임 오픈 샌드위치

1회분

- 구운 빵 1장 * 빵 굽기 13쪽
- 양상추 & 로메인 3장(약 20g)
- 방울토마토절임 7~8개
- 마요네즈 1큰술
- 홀그레인 머스터드 1/2작은술
- 그라나 파다노 치즈 간 것 약간

[기본으로 만들기]

1 구운 빵에 마요네즈와 홀그레인 머스터드를 바르고 양상추와 로메인을 올린다.

2 방울토마토절임을 올린 후 그라나 파다노 치즈 간 것을 뿌린다. * 방울토마토절임은 건더기 위주로 올려요.

[144쪽 완성 사진처럼 플레이팅 하기]

곡물빵에 부드러운 잎을 올린 후 방울토마토절임을 올렸어요. 그라나 파다노 치즈 간 것 대신 필러로 얇게 저며서 올려 장식했습니다.

× × × × × × ×

방울토마토절임 토핑 샐러드

1회분

- 샐러드 채소 1~2줌(약 50g)
- 방울토마토절임 4~5큰술
- 그라나 파다노 치즈 간 것 약간

토마토 마리네이드

- 토마토 1개(120g)
- 양파 1/8개(35g)
- 블랙 올리브 슬라이스 3개분(15g)
- 올리브유 3큰술
- 레몬즙 1작은술
- 소금 약간
- 통후추 간 것 약간

1 샐러드 채소는 한입 크기로 썬다.

2 양파는 가늘게 채 썰고, 토마토는 잘게 다진다. 볼에 담고 나머지 토마토 마리네이드 재료와 함께 골고루 섞는다.

3 그릇에 샐러드 채소를 담고 방울토마토절임, 토마토 마리네이드 4큰술을 올리고 그라나 파다노 치즈 간 것을 뿌린다. * 남은 토마토 마리네이드는 냉장 보관 후 샐러드나 스테이크에 곁들여 활용하세요.

발사믹 토마토절임 만능 속재료로 만든
오픈 샌드위치 & 토핑 샐러드

발사믹 토마토절임 오픈 샌드위치

발사믹 토마토절임 토핑 샐러드

토마토와 양파에 발사믹 식초를 더해 새콤하고 달콤한 절임을 만들어보세요. 그냥 먹어도 맛있는 샐러드가 된답니다. 구운 빵에 올려 든든하게, 샐러드 채소에 올려 푸짐하게 즐겨보세요.

발사믹 토마토절임

만능 속재료의 재료는 오픈 샌드위치, 토핑 샐러드를 모두 만들 수 있는 넉넉한 분량입니다.
남은 만능 속재료는 냉장 보관 후 활용하세요.

- 토마토 1개(120g)
- 양파 1/6개(35g)
- 발사믹 식초 1/2큰술
- 올리고당 1/2큰술
- 올리브유 1큰술
- 소금 약간
- 통후추 간 것 약간

1 토마토는 사방 1cm 크기로 썰고,
양파는 채 썬다.
* 토마토 대신 방울토마토로 대체해도
좋고, 섞어서 만들어도 좋아요.

2 볼에 모든 재료를 넣고 골고루 섞는다.

tip 더 든든하게 즐기기

생 모짜렐라 치즈나 부라타 치즈를
샌드위치, 샐러드에 곁들이면 더욱 폼나고
든든하게 즐길 수 있어요.

발사믹 토마토절임
오픈 샌드위치

1회분

- 구운 빵 1장 * 빵 굽기 13쪽
- 양상추 & 로메인 3장(약 20g)
- 발사믹 토마토절임 3큰술
- 말린 크랜베리 다진 것 약간
- 마요네즈 1큰술
- 홀그레인 머스터드 1/2작은술
- 다진 파슬리 약간
  (또는 다진 허브, 생략 가능)

[기본으로 만들기]

1 구운 빵에 마요네즈와
홀그레인 머스터드를 바르고
양상추와 로메인을 올린다.

2 발사믹 토마토절임의 건더기를 올린 후
말린 크랜베리와 다진 파슬리를 뿌린다.
* 발사믹 토마토절임의 국물은
샐러드의 드레싱으로 활용해요.

[148쪽 완성 사진처럼 플레이팅 하기]

치아바타에 부드러운 잎채소,
어린잎 채소를 올리고
발사믹 토마토절임을 올린 후
말린 크랜베리, 다진 파슬리를
뿌려 장식했습니다.

× × × × × × ×

발사믹 토마토절임
토핑 샐러드

1회분

- 샐러드 채소 1~2줌(약 50g)
- 발사믹 토마토절임 5큰술
- 말린 크랜베리 다진 것 약간
- 다진 파슬리 약간
  (또는 다진 허브, 생략 가능)

1 샐러드 채소는 한입 크기로 썬다.

2 그릇에 샐러드 채소를 담고,
발사믹 토마토절임을 충분히 올린 후
말린 크랜베리와 다진 파슬리를 뿌린다.

바질 토마토절임 오픈 샌드위치

바질 토마토절임 만능 속재료로 만든
오픈 샌드위치 & 토핑 샐러드

바질 토마토절임 토핑 샐러드

바질은 토마토와 잘 어울리는 허브지요. 토마토절임 양념에 바질 페스토를 더해 더욱 근사하게 즐겨보세요.
토마토절임은 냉장고에서 반나절정도 숙성시킨 후 먹으면 더욱 맛있답니다.

바질 토마토절임

만능 속재료의 재료는 오픈 샌드위치, 토핑 샐러드를 모두 만들 수 있는 넉넉한 분량입니다.
남은 만능 속재료는 냉장 보관 후 활용하세요.

- 토마토 1개(120g)
- 양파 1/10개(20g)
- 바질 페스토 1큰술
  * 홈메이드로 만들기 17쪽
- 올리브유 1큰술
- 올리고당 1작은술
- 소금 약간
- 통후추 간 것 약간

1 토마토는 사방 1cm 크기로 썰고, 양파는 채 썬다.
* 토마토 대신 방울토마토로 대체해도 좋고, 섞어서 만들어도 좋아요.

2 볼에 모든 재료를 넣어 골고루 섞는다.

바질 토마토절임
오픈 샌드위치

1회분

- 구운 빵 1장 * 빵 굽기 13쪽
- 양상추 & 로메인 3장(약 20g)
- 바질 토마토절임 3큰술
- 마요네즈 1큰술
- 홀그레인 머스터드 1/2작은술
- 소금 약간
- 바질잎 약간(생략 가능)

[기본으로 만들기]

1 구운 빵에 마요네즈와 홀그레인 머스터드를 바르고 양상추와 로메인을 올린다.

2 바질 토마토절임의 건더기를 올리고 바질잎을 곁들인다.
* 바질 토마토절임의 국물은 샐러드의 드레싱으로 활용해요.

[152쪽 완성 사진처럼 플레이팅 하기]

곡물 식빵을 2등분한 후 토마토와 잘 어울리는 루콜라를 올리고 바질 토마토절임을 올렸어요. 작은 바질잎을 올려 장식해 더욱 고급스럽게 차렸어요.

× × × × × × ×

바질 토마토절임
토핑 샐러드

1회분

- 샐러드 채소 1~2줌(약 50g)
- 바질 토마토절임 5큰술
- 그라나 파다노 치즈 간 것 약간
- 바질잎 약간(생략 가능)

1 샐러드 채소는 한입 크기로 썬다.

2 볼에 샐러드 채소를 담고 바질 토마토절임을 충분히 올린다. 그라나 파다노 치즈 간 것, 바질잎을 곁들인다.

아보카도 & 달걀 만능 속재료로 만든
오픈 샌드위치 & 토핑 샐러드

비타민 E가 풍부한 아보카도는 샌드위치, 샐러드와 잘 어울리는 식재료죠.
담백한 삶은 달걀은 아보카도와 궁합이 좋답니다. 가볍지만 든든한 한 끼가 필요할 때 만들어보세요.

아보카도 & 달걀 오픈 샌드위치

아보카도 & 달걀 토핑 샐러드

아보카도 & 달걀

만능 속재료의 재료는 오픈 샌드위치, 토핑 샐러드를 모두 만들 수 있는 넉넉한 분량입니다.
남은 만능 속재료는 냉장 보관 후 활용하세요.

- 아보카도 1개
- 달걀 3개

요거트 마요 소스
- 떠먹는 플레인 요거트 3큰술
- 마요네즈 3큰술
- 꿀 1큰술
- 레몬즙 1작은술
- 후춧가루 약간

[달걀 삶기]

1 냄비에 물(4컵), 달걀을 넣고
소금, 식초를 약간씩 더해
중간 불에서 9분간 끓인다.
찬물에 담가 한김 식힌다.

2 삶은 달걀은 0.5cm 두께로
슬라이스한다.

[아보카도 손질하기]

3 아보카도는 중앙에 칼집을
넣은 후 비틀어 가른다.
씨를 칼로 꾹 찍어 비틀어 제거한다.

4 숟가락을 껍질쪽에 넣어 과육을
분리한다. 반은 샌드위치용으로
얇게 슬라이스하고, 반은 샐러드용으로
깍둑 썬다.

[요거트 마요 소스 만들기]

5 볼에 요거트 마요 소스 재료를
모두 넣어 골고루 섞는다.

아보카도 & 달걀
오픈 샌드위치

1회분

- 구운 빵 1장 * 빵 굽기 13쪽
- 양상추 & 로메인 3장(약 50g)
- 아보카도 슬라이스 1/2개분
- 삶은 달걀 1과 1/2개
- 요거트 마요 소스 1큰술
- 크러시드 레드 페퍼 약간(생략 가능)

[기본으로 만들기]

1 구운 빵에 요거트 마요 소스를 바른다.

2 양상추와 로메인, 아보카도, 삶은 달걀을 올리고 크러시드 레드 페퍼를 올린다.

[156쪽 완성 사진처럼 플레이팅 하기]

호밀빵에 로메인을 깔고 아보카도, 삶은 달걀을 썬 모양 그대로 가지런히 올리면 좀 더 폼나게 담을 수 있어요. 크러시드 레드 페퍼를 뿌려 색감을 더했습니다.

× × × × × × ×

아보카도 & 달걀
토핑 샐러드

1회분

- 샐러드 채소 1~2줌(약 50g)
- 방울토마토 3~5개
- 깍뚝 썬 아보카도 1/2개분
- 삶은 계란 1과 1/2개
- 요거트 마요 소스 3큰술
- 크러시드 레드 페퍼 약간(생략 가능)

1 샐러드 채소는 한입 크기로 썬다. 방울토마토는 2등분한다.

2 그릇에 샐러드 채소, 방울토마토, 아보카도, 삶은 달걀을 올린다. 요거트 마요 소스, 크러시드 레드 페퍼를 곁들인다.

아보카도 & 당근 라페
토핑 샐러드

아보카도 & 당근 라페 만능 속재료로 만든 오픈 샌드위치 & 토핑 샐러드

당근 라페(rappe)는 당근을 채 썰어 소금, 식초에 절인 프랑스 음식이에요. 아삭한 식감이 부드러운 아보카도와 잘 어울리죠. 아보카도를 더욱 상큼하게 즐기고 싶다면 당근 라페를 곁들여보세요.

아보카도 & 당근 라페 오픈 샌드위치

아보카도 & 당근 라페

만능 속재료의 재료는 오픈 샌드위치, 토핑 샐러드를 모두 만들 수 있는 넉넉한 분량입니다.
남은 만능 속재료는 냉장 보관 후 활용하세요.

- 아보카도 1개
- 당근 1개(250g)

당근 라페 양념

- 레몬즙 1큰술
- 올리고당 2큰술
- 올리브유 3큰술
- 소금 1작은술
- 화이트와인 식초 1작은술(또는 식초)
- 홀그레인 머스터드 1작은술
- 소금 약간
- 후춧가루 약간

[당근 라페 만들기]

1 당근은 슬라이서로 얇게 썰거나 채 썬다.

2 소금을 넣고 가볍게 섞은 후 10분간 절인다.

3 나머지 당근 라페 양념을 넣어 골고루 버무린다. 하루 동안 숙성한 후 사용한다.

[아보카도 손질하기]

4 아보카도는 중앙에 칼집을 넣은 후 비틀어 가른다. 씨를 칼로 꼭 찍어 비틀어 제거한다.

5 숟가락을 껍질쪽에 넣어 과육을 분리한다. 반은 샌드위치용으로 얇게 슬라이스하고, 반은 샐러드용으로 깍뚝 썬다.

아보카도 & 당근 라페 오픈 샌드위치

1회분

- 구운 빵 1장 * 빵 굽기 13쪽
- 양상추 & 로메인 3장(약 50g)
- 아보카도 슬라이스 1/2개분
- 당근 라페 1/2컵
- 마요네즈 1큰술
- 홀그레인 머스터드 1/2작은술

[기본으로 만들기]

1 구운 빵에 마요네즈와 홀그레인 머스터드를 바르고 양상추, 로메인을 올린다.

2 아보카도, 당근 라페를 올린다.

[161쪽 완성 사진처럼 플레이팅 하기]

잡곡빵에 로메인, 케일을 깔고 아보카도, 당근 라페를 올렸어요. 통후추 간 것을 뿌려 장식했습니다.

× × × × × × ×

아보카도 & 당근 라페 토핑 샐러드

1회분

- 샐러드 채소 1~2줌(약 50g)
- 방울토마토 3~5개
- 깍뚝 썬 아보카도 1/2개분
- 당근 라페 1컵
- 다진 파슬리 약간
  (또는 다진 허브, 생략 가능)

라임 드레싱

- 라임즙 5큰술(또는 레몬즙)
- 꿀 1/2큰술
- 올리브유 2큰술
- 소금 약간
- 후춧가루 약간

1 샐러드 채소는 한입 크기로 썬다. 방울토마토는 2등분한다.

2 볼에 라임 드레싱 재료를 모두 넣어 골고루 섞는다.
* 드레싱의 양이 넉넉하니 냉장 보관한 후 활용하세요.

3 그릇에 샐러드 채소, 방울토마토, 당근 라페, 아보카도를 올린다. 라임 드레싱, 다진 파슬리를 곁들인다.

아보카도 & 사우어 크라우트 만능 속재료로 만든
오픈 샌드위치 & 토핑 샐러드

아보카도 & 사우어 크라우트 오픈 샌드위치

아보카도 & 사우어 크라우트 토핑 샐러드

사우어 크라우트(sauerkraut)는 독일식 양배추 절임이에요.
양배추가 숙성되면서 시큼한 맛이 나 입맛을 돋운답니다.
영양이 풍부한 아보카도에 새콤한 맛이 더해져 풍부한 맛을 내는 샌드위치, 샐러드가 된답니다.

아보카도 & 사우어 크라우트

만능 속재료의 재료는 오픈 샌드위치, 토핑 샐러드를 모두 만들 수 있는 넉넉한 분량입니다.
남은 만능 속재료는 냉장 보관 후 활용하세요.

- 아보카도 1개
- 양배추 10장(손바닥 크기, 300g)
- 소금 1/2작은술
- 물 4큰술(추가)

[사우어 크라우트 만들기]

1 양배추는 속잎으로 골라 최대한 가늘게 채 썬다.

2 볼에 양배추, 소금을 넣어 손으로 버무린다. 숨이 죽고 국물이 나올 때까지 조금 힘을 줘서 문지른다.

3 밀폐용기에 눌러 담고 맨 위에 양배추 겉잎을 올려 꾹꾹 누른다.

4 실온에서 3~5일간 발효시킨 후 냉장 보관한다. * 발효가 되면서 가스가 빠지므로 뚜껑을 너무 꽉 닫지 말고, 물이 더 생기니 너무 가득 담지 마세요. 더운 여름에는 실온에서 1~2일간 발효한 후 냉장 보관하세요.

[아보카도 손질하기]

5 아보카도는 중앙에 칼집을 넣은 후 비틀어 가른다. 씨를 칼로 꼭 찍어 비틀어 제거한다. 숟가락을 껍질쪽에 넣어 과육을 분리한다. 반은 샌드위치용으로 얇게 슬라이스하고, 반은 샐러드용으로 깍둑 썬다.

아보카도 & 사우어 크라우트
오픈 샌드위치

1회분

- 구운 빵 1장 * 빵 굽기 13쪽
- 양상추 & 로메인 3장(약 50g)
- 사우어 크라우트 1/2컵
- 아보카도 슬라이스 1/2개분
- 마요네즈 1큰술
- 홀그레인 머스터드 1/2작은술

[기본으로 만들기]

1 구운 빵에 마요네즈와 홀그레인 머스터드를 바르고 양상추, 로메인을 올린다.

2 아보카도, 사우어 크라우트를 올린다.

[164쪽 완성 사진처럼 플레이팅 하기]

베이글을 2등분한 후 루콜라, 아보카도, 사우어 크라우트를 올렸습니다. 그 위에 핑크 후추를 뿌려 색감을 더했습니다.

× × × × × × ×

아보카도 & 사우어 크라우트
토핑 샐러드

1회분

- 샐러드 채소 1~2줌(약 50g)
- 방울토마토 3~5개
- 깍뚝 썬 아보카도 1/2개분
- 사우어 크라우트 1컵
- 통후추 간 것 약간(생략 가능)

라임 드레싱

- 라임즙 5큰술(또는 레몬즙)
- 꿀 1/2큰술
- 올리브유 2큰술
- 소금 약간
- 후춧가루 약간

1 샐러드 채소는 한입 크기로 썬다. 방울토마토는 2등분한다.

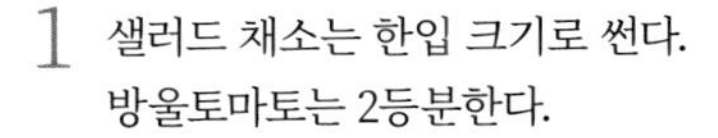

2 볼에 라임 드레싱 재료를 모두 넣어 골고루 섞는다.
* 드레싱의 양이 넉넉하니 냉장 보관한 후 활용하세요.

3 그릇에 샐러드 채소, 방울토마토를 담고 사우어 크라우트, 아보카도를 올린다. 통후추 간 것을 뿌리고 라임 드레싱을 곁들인다.
* 청포도나 포도, 사과 등 단맛이 있는 과일을 곁들여도 잘 어울려요.

매일 만들어 먹고 싶은

오픈 샌드위치 × 토핑 샐러드

1판 1쇄 펴낸 날	2023년 8월 22일
1판 2쇄 펴낸 날	2024년 6월 4일
편집장	김상애
편집	김민아
디자인	원유경
사진	박형인(studio TOM)
스타일링	김주연(오어스스튜디오, 어시스턴트 박제희)
요리 어시스턴트	김동한, 박지윤
일러스트	조성아
기획 · 마케팅	내도우리, 엄지혜
편집주간	박성주
펴낸이	조준일
펴낸곳	(주)레시피팩토리
주소	서울특별시 용산구 한강대로 95 래미안용산더센트럴 A동 509호
대표번호	02-534-7011
팩스	02-6969-5100
홈페이지	www.recipefactory.co.kr
애독자 카페	cafe.naver.com/superecipe
출판신고	2009년 1월 28일 제25100-2009-000038호
제작 · 인쇄	(주)대한프린테크

값 18,800원

ISBN 979-11-92366-29-6